花卉栽培养护新技术推广丛书

芍药

Shaoyao 养花专家解惑答疑

王凤祥 主编

中国林业出版社

《芍药·养花专家解惑答疑》分册

| 编写人员 | 王凤祥 蓝 民 刘书华 王立新

| 图片摄影 | 佟金龙 王树军

| 参加工作 | 王淑霞 王秀娇

图书在版编目（CIP）数据

芍药养花专家解惑答疑/王凤祥主编. —北京：中国林业出版社，2011.6

(花卉栽培养护新技术推广丛书)

ISBN 978-7-5038-6180-2

Ⅰ. ①芍… Ⅱ. ①王… Ⅲ. ①芍药－观赏园艺－问题解答 Ⅳ. ①S682.1-44

中国版本图书馆CIP数据核字（2011）第090629号

策划编辑：李 惟 陈英君

责任编辑：陈英君

出 版：中国林业出版社（100009 北京西城区德内大街刘海胡同7号）

网 址：www.cfph.com.cn

E-mail：cfphz@public.bta.net.cn

电 话：(010) 83224477

发 行：新华书店北京发行所

制 版：北京美光制版有限公司

印 刷：北京百善印刷厂

版 次：2011年6月第1版

印 次：2011年6月第1次

开 本：889mm × 1194mm 1/32

印 张：2

插 页：8

字 数：63千字

印 数：1～5000

定 价：15.00元

前言

花是美好的象征，绿是人类健康的源泉，养花种树深受广大人民群众的欢迎。随着改革开放的深入，国家昌盛、太平盛世、国富民强、百业俱兴，花卉事业蒸蒸日上，人民经济收入、文化层次不断提高。城市生态农业与日俱增，花卉展览全年不断。不但旅游景区、公园、绿地布置鲜花绿树，家庭小院、阳台、厅室莳养花卉，甚至屋顶也种起了花草。花卉已经成为日常生活中不可缺少的一部分。大城市中的大型花卉市场设施完善，奇花异草不断增多，人们的需求量成倍增长。在农村不仅出现了大型花卉生产基地出口创汇，还出现了公司加农户的新型产业机构，自产自销花卉生产专业户更是星罗棋布，打破了以往单一生产经济作物的局面，还为城市居民提供几平方米、几十平方米的栽培种植乐园，大量利用农村剩余劳动力，拓宽了致富道路。

为排解在芍药生产、栽培养护中常遇到的问题，由王凤祥、蓝民、刘书华、王立新等以问答方式编写《芍药》分册，希望给大家一些帮助，由王淑霞、王秀娇协助整理，由佟金龙、王树军提供照片，在此一并感谢。

本书概括芍药的形态、习性、繁殖、栽培养护、病虫害防治、应用等多方面知识，语言通俗易懂，不受文化程度限制，适合广大花卉生产者、花卉栽培专业学生、业余花卉栽培爱好者阅读，为专业技术工作者提供参考。

作者技术水平有限，难免有不足之处，欢迎广大读者纠正。

作者

2010 年 12 月 6 日

问与答

问题

一 形态篇

1. 芍药还有其它名称吗？是哪个科哪个属的花卉？……1

2. 芍药的根是什么样的？……1

3. 芍药茎干的形态是什么样的？……1

4. 芍药的叶片是什么形态的？……2

5. 芍药花的形态是什么样的？……2

6. 芍药的果实是什么样的？……2

7 花卉专业学生询问怎样综述芍药的形态？……2

8. 怎样识别草芍药？……3

9. 怎样识别赤芍？……3

10. 怎样识别毛叶芍药？……3

11. 如何识别毛果芍药？……4

12. 怎样区分芍药与牡丹？……4

13. 什么叫混合芽？芍药的芽是混合芽吗？……5

14. 芍药的主根大致可分为几个类型？……5

15. 芍药芽的形态有几种？……5

16. 什么叫复叶？……5

17. 芍药的花蕾有哪些形状？……6

18. 芍药按花型怎样分类？……6

二 习性篇

1. 栽培好芍药需要什么环境？……8

2. 光照、通风、温度与水分有哪些相互作用？……8

3. 什么叫土壤墒情？墒情与芍药栽培有什么联系？……9

4. 什么叫土壤质地？怎样分类？ 9

5. 温度影响芍药的花期吗？ 10

6. 光照与芍药花芽形成有什么关系？ 11

7. 什么叫光周期？按光周期分类，芍药属于哪一类型？ 11

三 繁殖篇

1. 芍药无性繁殖有什么优缺点？ 12

2. 有性繁殖芍药小苗有什么优缺点？ 12

3. 芍药种子何时采收？如何贮藏？ 13

4. 芍药怎样露地播种？ 13

5. 怎样用容器播种芍药？ 14

6. 楼房环境如何播种芍药？ 17

7. 8月由外地邮购来的芍药种子播下后为什么1棵苗未出？播下1个月后检查，发现种子已腐烂是怎么回事？ 17

8. 芍药怎样分株繁殖？ 17

9. 我酷爱芍药，去年由花卉市场购买的盆栽芍药是栽植在口径60厘米的花盆中的，共有6株苗。想在深秋初冬之际分株，我住的地方全部是硬地面。该如何分株？ ... 18

10. 早春将去年播种于大田、小钵、木箱中的芍药苗进行分栽。其中小钵苗、木箱苗很快恢复生长，而露地越冬的大田畦播苗掘苗栽植后不但缓苗不好，夏季还发生死苗，是什么原因？ 19

11. “春分分芍药，到老不开花”这句谚语是否有些夸张，真的到老不开花吗？ 20

12. 怎样利用枝插繁殖芍药？ 20

13. 怎样根插繁殖芍药？ 21

14. 怎样进行芽插繁殖芍药？ 21

15. 怎样压条繁殖芍药？ 21

16. 单位绿地中有一丛半重瓣的玫红色芍药，每年只见开花未见结实是什么原因？ 22

17. 什么叫人工辅助授粉？怎样进行？....... 22

18. 怎样利用芽头秋植芍药？ 23

19. 怎样嫁接繁殖芍药？ 23

四 栽培篇

1. 怎样沤制厩肥？ 24

2. 怎样沤制有肥腐叶土？ 24

3. 无肥腐叶土怎样沤制？ 25

4. 场外道边原有木材厂堆放一堆小山似的锯末、碎木屑、烂树皮、树叶、树枝及一些清扫庭院的垃圾，能否加入堆肥？ 25

5. 村边有一积水多年的水塘，近年来由于天气干旱几近干涸。塘内有大量黑色塘泥，能否代替厩肥施用？ 26

6. 村里办养鸭场已经近30年了，现在既养鸭又养鸡，还有鹌鹑等。场的围墙外有十多米宽的排污沟，污水来自场内，沟内积有大量已经腐熟的禽类粪肥。能否挖掘回来施于露地栽培畦地？ 26

7. 村外山脚下杂木林荒坡沟中有大量落叶腐烂后的土层，人踏上去软绵绵的，用金属棍扎探，深度约有1米，能否挖掘取回代替腐叶土栽培花卉？ 26

8. 工厂的绿地中想栽培芍药，但厂址建立在古河床附近，土壤均为矿土与碎石混合地，且大小石块都有，应如何改良土壤？ 27

9. 在公路绿带中规划种植几片芍药，应怎样施工？ 27

10. 黄黏土地能栽培芍药吗？需要怎样改良后才能栽植？ 28

11. 芍药播种苗出苗后如何栽培养护？ 29

12. 工厂生活区绿地栽植了大片芍药，是否能用浇绿地草坪、树木的中水同时浇灌？中水对芍药有无害处？ 31

13. 半山区目前旅游业发展很快，在一片平地旁有一清澈如镜的小池，池水来自山泉。在平地种了一些芍药，浇灌就用池水。在村里也种植了不少棵。但平地苗长势弱，村里种的长势强。土壤质地、肥料施用均差不多，是否与水有关？ 32

14. 很多年前我们这里有一条山沟称“芍药沟”，后来有药商来收购芍药根，于是他挖你挖我也挖，生把一条沟的芍药翻石倒砺地挖了个干净，便成了有名无实的沟壑。目前发展旅游想恢复种植芍药，应怎样实现？ 32

15. 河水、湖水、池水、塘水、井水、深井水、泉水、贮存的雨水、自来水，哪种水浇灌芍药好？ 32

16. 药用芍药栽培，如何平整翻耕栽培用地？ 33

17. 药用芍药如何栽植？ 33

18. 药用芍药怎样田间养护管理？ 34

19. 皮毛加工厂存有大量下脚料，以牛皮、羊皮、兔皮为多，能否用作基肥或追肥？ 35

20. 晒谷场边堆有多年积累的谷壳、麦糠、碎禾秆、稻草、烂树叶等，夏季有浓烈的发酵味，能否加入腐熟肥料后直接给芍药栽植地施肥？ 35

21. 我们这里给菜园、果园浇水，养贝、淘米、洗菜全部用塘水，饮用水的压水机也离水塘不过十几米。水塘中还常有水牛洗浴，塘中还有大量鱼类及水草。但水非常混浊，抽水泵抽出水中有大量浮萍等水草，浇在地里，土表一层绿色。用这种水浇芍药是否对芍药有危害？ 36

22. 公园中的小湖已经多年未清理过，杂草非常多，小游船常搁浅，秋季清理出很多淤泥，淤泥是黑色的，含有大量贝壳、螺壳、水草等，可不可以运回去作芍药的基肥或追肥？ 36

23. 花圃临近小街，街上有多家小饭店。饭店原来泔水供养猪户作饲料喂猪，后来发现剩饭菜中含有不少牙签，猪不能消化造成病亡，就没人要了。后来就堆积在一个坑内，由于长时间集存，附近散发异味。朋友建议用来沤制肥料是否可行？ 37

24. 老城区庭院中怎样栽培芍药花？ 37

25. 药用芍药地收获后，将芽头重新栽植，为什么叶片变薄变卷、不舒展？ 38

26. 春季正是牡丹开花的时候，在农贸市场花商处选购了几盆已经要开花的芍药，有粉红色花的，也有白花的，开完花后放在室外背风向阳的窗前，用草帘覆盖，进入6月份后长势减弱，7月下旬全部枯死，检查发现多数主根腐烂，是什么原因？ 39

27. 前年秋季在院中栽植的芍药，今年春季开花很好，7月份以后叶片边缘出现干枯，地表枝干基部有潜伏芽，但很小很弱，应如何挽救？ 39

28. 家庭庭院条件，将淘米水、洗菜水、洗碗水、剩茶水、米汤、面汤收集在一起，用作浇灌芍药等宿根花卉是否可行？ 39

29. 早春农贸市场有不少小商贩摆地摊卖芍药芽头，而且说有不少品种，都是大花重瓣的，可信吗？能否选购？ 40

30. 能否简略综述一下芍药的生长习性？ 40

31. 新建工厂绿地中规划有芍药园，预计在春季3～4月可能做绿化工程，此时的芍药芽头应怎样处理才能在春季栽植？ 40

32. 什么叫高畦栽培？ 41

33. 单位绿地下为地下车库，土层厚0.7～1.2米，目前为草地点缀月季、绣线菊等小花灌木。能否栽植一些芍药以增添厂庆热烈气氛？ 41

34. 单位绿地中有一个长40多米、宽近20米、高2～3米的土岗，为建楼时的余土，一时无法移走，在这个小土坡上能否栽植芍药？ 41

35. 庭院栽培的芍药出现花蕾后不见增大，最后干枯，是什么原因？怎样才能正常开花？ 42

36. 厂庆在5月中旬，当天要求在硬地面铺装的广场上摆放芍药花坛，大厅、办公楼需要点缀的地方均要摆放芍药，应怎样栽培？ 43

37. 仓库中大量米面及杂粮因水灾被淹没，无法再食用，能否经发酵后作肥料？ 45

38. 因长时间阴天村边鱼塘中好多鱼死亡，能否将死鱼运回沤制液肥？ 45

39. 小芍药圃围墙外有一条不大的小水

沟，是由鸡鸭养殖厂流出来的，水有时混浊有时清澈，想就近用这些水浇灌芍药，会不会出问题？ 45

40. 芍药鲜花切取后如何贮藏？ 45

五 病虫害防治篇

1. 发现芍药灰霉病如何防治？ 46

2. 芍药有叶斑病发生如何防治？ 46

3. 发现芍药锈病如何防治？ 47

4. 芍药发生软腐病如何防治？ 47

5. 发现有蛴螬危害如何防治？ 47

6. 发现蚜虫危害如何防治？ 48

7. 有地老虎危害如何防治？ 48

8. 发现芍药生有洋刺子危害如何防治？ 48

六 应用、杂谈篇

1. 园林绿地如何应用芍药？ 49

2. 怎样在小庭院中应用芍药？ 50

3. 怎样布置芍药专类花坛及参加专类花展？ 50

4. 芍药作切花有哪些用途？ 50

5. 芍药哪一部分入药？ 51

6. 芍药作为中草药怎样收获？ 51

7. 芍药作为中草药材，怎样加工后才能炮制？ 51

8. 芍药根作为中草药怎样炮制？ 52

9. 芍药栽培由哪个年代开始？什么地方栽培最多？ 53

10. 古代诗人是怎样赞美芍药花的？ 53

11. 北京丰台花园对联中题有殿春是芍药别名吗？ 54

一、形 态 篇

1. 芍药还有其它名称吗？是哪个科哪个属的花卉？

答：芍药(*Paeonia lactiflora*)为毛茛科芍药属宿根草本花卉。还有将离、婪尾春、金芍药、白芍药、冠芳、花相、犁食、艳友、赤芍药、余容、铤干花、绰约、没骨花、殿春、留夷等名称。

2. 芍药的根是什么样的？

答：芍药的根为圆筒形或圆锥形，稍呈纺锤状，粗壮，主根长可达40厘米，直径0.5～3.5厘米，茎基部有分支，分支根少或无，外表皮褐黄色或暗黄色，切断面乳白色，须根较多较弱，根冠白色。

3. 芍药茎干的形态是什么样的？

答：芍药茎干直立丛生或单生挺拔，很少分枝或不分枝，圆柱状有明显纵筋，成年植株紫红色或绿色带有红色或绿色，基部褐红色或紫红色，光滑无毛。春季新生芽茁壮，紫红色、红色或绿色带有红色等。

4. 芍药的叶片是什么形态的?

答：生长在茎基部的叶为二回三出复叶，小叶狭卵形、披针形或椭圆形，长7.5～12厘米，边缘密生骨质白色小锯齿，叶背沿脉疏生短柔毛，叶面稍有光泽。叶柄长6～10厘米，上部叶为三出叶或单叶或二出叶。

5. 芍药花的形态是什么样的?

答：芍药为伞房花序，生于枝先端。花轮直径5.5～15厘米。苞片披针形4～5枚，长1.5～2厘米。花瓣白色或粉红色，9～13枚，倒卵形，长3～5厘米，宽1～2.5厘米。雄蕊多数，心皮4～5枚，无毛。现代栽培品种有单瓣、复瓣及重瓣品种，复瓣重瓣类多为雌雄蕊全部瓣化种或部分瓣化种。花期5月。

6. 芍药的果实是什么样的?

答：芍药为蓇葖果，簇生，3～5枚，卵形，先端钩状外弯，密生茸毛。种子圆形，黑褐色或黄褐色。

7. 花卉专业学生询问怎样综述芍药的形态?

答：芍药为多年生宿根草本花卉。主根发达，粗大挺直，圆筒状或圆锥状，稍呈纺锤形，外表皮褐黄色或暗黄色，须根不发达，着生于主根上，根冠白色。茎直立挺拔，株高可达1米，丛生或单生，中部无分枝，先端花序处有分枝，有明显纵筋。春季所发生新芽紫红色、暗红色、红色或绿色带有红色。随生长变为绿色带有红色。基部叶片为二回三出羽状复叶，中上部为单叶或三出叶，叶面稍有光泽，小叶狭卵形、披针形或椭圆形，长7.5～12厘米，边缘密生骨质白色小刺状齿，背面沿叶脉处密生短茸毛。叶柄长6～10厘米，多为紫红色或绿色带有紫红色。花单生于枝先端或先端叶腋，呈伞房状花序。花冠直径5.5～15厘米，苞片膜质4～5枚，披针形3～6.5厘米，萼片4枚长1.5～2厘米，花瓣白色或粉红色，

9～13枚倒卵形，长3～5厘米，宽1～2.5厘米。雄蕊多枚，心皮3～5枚。蓇葖果卵形，先端钩状外弯，种子圆形，黑褐色或褐黄色。分布于甘肃、陕西、山西、河北。

8. 怎样识别草芍药？

答：草芍药(*Paeonia obovata*)又称山芍药、野芍药、土白芍等。多年生宿根直立草本花卉。株高40～60厘米，无毛，丛生或单生，基部生有数枚鞘状鳞片。中上部叶为单叶三出复叶，最下部为二回三出复叶，上部为三出复叶或单叶。先端小叶倒卵形或宽椭圆形，长11～18厘米，宽6～10厘米。背面无毛或沿叶脉疏生柔毛，侧生叶较小，椭圆形。花着生于枝先端，花冠直径5～9厘米。萼片3～5枚，长1.2～1.5厘米。花瓣白色6枚，倒卵形。雄蕊多数，心皮2～4枚无毛。蓇葖果长2～3厘米，种子圆球形，褐黄色。分布于贵州、湖南、江西、四川、陕西、河南、安徽及东北各地。

9. 怎样识别赤芍？

答：赤芍(*Paeonia veitchii*)又称川赤芍、川芍、红芍药等，为多年生直立宿根草本花卉。根圆柱状，长达20厘米，直径1.5厘米，褐黄至褐黑色，多弯曲不直，须根不甚发达。茎干直立挺拔，株高20～120厘米，无毛。约生5叶，基部叶二回三出复叶，长达30厘米，通常小叶二回深裂，小裂片宽披针形或披针形，宽0.5～1.8厘米，叶面沿叶脉疏生短毛，背面无毛。叶柄长1～5厘米。花生于枝先端或先端腋生，2～4朵，花冠直径5～9厘米，苞片2～3枚，披针形，长2.5～6厘米，萼片4枚，长1.2～2厘米。花瓣6～9枚，粉红色至紫红色，宽倒卵形，长2～5厘米。雄蕊多数，心皮2～5枚，子房密被黄色短毛。分布于四川西部、青海东部、甘肃、陕西、山西的林边、草坡，海拔1950～3550米。根做药用。

10. 怎样识别毛叶芍药？

答：毛叶芍药(*Paeonia obovata* var. *willmottiae*)又称毛叶草芍药、毛白

药、毛叶山芍药、毛叶野芍药等。多年生直立宿根草本花卉。具粗大茁壮主根，主根圆锥状纺锤形或圆柱状纺锤形，长可达30厘米，黄褐色。株高40～60厘米，下部无分枝，基部具数枚鞘状鳞片。叶2～3枚，最下部为二回三出复叶，上部为单叶或三出复叶，先端小叶倒卵形或宽椭圆形，长11～18厘米，宽5～9厘米，叶背面密生柔毛，侧生小叶较小，椭圆形。花着生于枝先端，花冠直径5～9厘米。萼片3～5枚，长1.2～1.5厘米。花瓣6枚，白色，倒卵形，长2.5～4厘米。雄蕊多枚，心皮2～4枚。蓇葖果长2～3厘米，种子褐黄色，圆形。四川、湖北、陕西、山西有野生。

11. 如何识别毛果芍药？

答：毛果芍药(*Paeonia lactiflora* var. *trichocarpa*)又称毛芍药、毛果野芍药、毛果山芍药、野赤芍等。为多年生直立宿根草本花卉。具纺锤状圆柱形或圆锥形粗大茁壮主根，主根黄褐色，长可达30厘米。株高60～80厘米。基部叶二回三出复叶，小叶狭长，披针形或椭圆形，长7.5～12厘米，边缘生有白色骨质小齿，背面沿叶脉生有白色柔毛。叶柄长6～10厘米。花生于枝先端及先端叶腋，通常2～4朵，花冠直径5.5～10厘米。苞片4～5枚，披针形，长3～6.5厘米，萼片4枚，长1.5～2厘米。花瓣白色或粉红色，9～13枚，倒卵形，长3.5～5厘米，宽1～2.5厘米。雄蕊多枚，心皮4～5枚，子房密生柔毛。蓇葖果长2～4厘米，种子圆形。辽宁、吉林、山西、河北、内蒙古山区有野生。

12. 怎样区分芍药与牡丹？

答：芍药为多年生宿根草本，株高40～80厘米，地上部分冬季枯死，翌春在宿根先端发生新芽，潜伏芽当年夏秋间形成，生长一段时间至未出土前停止生长，翌春开始萌芽快速生长。株型大小、高矮基本整齐，基部具鞘状鳞片，茎干草质，多为紫红色或绿色带有红色。二回三出复叶、两叶或单叶。

牡丹为落叶小灌木，株高可达2米，树皮黑灰色，分枝短而粗。二回三出复叶，花大，直径12～20厘米，花期早于芍药，固有“芍药开完牡丹放”的花谚。春季新芽萌发于枝先端，紫红色或绿色带有紫红色。

13. 什么叫混合芽？芍药的芽是混合芽吗？

答：叶芽和花芽同在一个芽苞内，同时发育生长称为混合芽。芽苞内为叶时称为叶芽，为花序时称为花芽。生长在枝条先端的称为先端芽或称顶芽，生长在叶腋的称为腋芽。单独独立生于两处的芽称单芽，几个芽重叠在一起时称重叠芽。有鳞片的称鳞芽。不是由叶腋或先端发生的芽称不定芽。芍药应该为混合芽。

14. 芍药的主根大致可分为几个类型？

答：芍药的根大致可分为：

(1) 直根系：主根稀疏明显粗大，挺直。

(2) 披根系：根粗细不均，但主根明显，根向两则或四周平展伸开。

(3) 须根系：须根发达稠密，粗细均匀，主根不明显，多数根向四周伸展。

15. 芍药芽的形态有几种？

答：芍药的芽习惯上分为3个类型，即毛笋型：其形状如初生的毛竹笋。毛笔型：形态宛如写书法的毛笔头。弹丸型：先端圆钝如圆头弹丸。

16. 什么叫复叶？

答：有两片至多片分离的叶片生在一个总叶柄或总叶轴上，这种叶子就称复叶。这些叶片就叫小叶，小叶本身的柄叫小叶柄，小叶也有或没有托叶，小叶的托叶叫小托叶。

复叶又可分为羽状复叶及掌状复叶。羽状复叶是指侧生小叶排列在总叶柄的两侧成羽毛状的复叶，其每一小叶相当于单叶的每一裂片，其先端生有一顶生小叶，当小叶的数目是单数时，就叫单数羽状复叶，又称奇数羽状复叶；当先端小叶为双数时，就叫双数羽状复叶，又称偶数羽状复叶。上述的情况是总叶柄两侧不分枝而具一列小叶，这叫一回羽状复叶，倘总柄两则有羽状排列的分枝，分枝两则再着生有羽状排列的小叶的羽状复叶，就叫二回羽状复叶，其分枝称为羽片；倘羽片如同总柄一样，再一次分枝时，就叫三回羽状复叶，倘再次一级的羽片再行同样的分枝，以及依此类推，就叫多回羽状复叶。这时其最后的羽片就叫小羽片或末回小羽片。

掌状复叶是指其小叶在总叶柄先端着生在一个点上，向各方展开而成手掌状的叶。多回掌状复叶实际上是掌状三出复叶的数回重复，如二回重复、三回重复、四回重复的叶，二回三出复叶、三回三出复叶、四回三出复叶等，在这种情况下，其最后一级的三出小叶通常总是羽状三出的形式。就小叶的数目来讲，小叶可有1至数枚，倘仅有1枚小叶，则称为1小叶复叶或称单叶复叶，简称单复叶，这是因为侧生小叶退化，仅留1枚先端生的，看起来好像单叶，但其总叶柄先端与小叶基部有明显关节，可与其它的单叶相区别。倘仅有2枚小叶，就叫二出复叶，或两个小叶复叶。仅有3枚小叶就叫三出复叶或三出叶。三出复叶的2枚侧生小叶着生在总叶柄先端时，就叫羽状三出复叶；倘2枚侧生小叶和1枚先端小叶都着生于总柄先端时，叫掌状三出复叶；倘有4枚小叶时，就叫四小叶复叶；掌状复叶有5枚小叶时，就叫五出掌状复叶或五叶掌状复叶；有7小叶时就叫七出掌状复叶等。

17. 芍药的花蕾有哪些形状？

答：芍药的花蕾因种、品种不同常见有圆桃形、扁圆桃形、平圆桃形、尖圆桃形、长圆桃形、歪尖桃形、扁桃形、尖桃形、长尖桃形等9大类。外轮萼片叶状，内萼片3枚，有的种类多至7枚，绿色或黄绿色或带有白色、紫红色条纹，倒卵形、卵形或椭圆形。

18. 芍药按花型怎样分类？

答：根据北京林业大学的花卉分类法可分为以下4大类13型。

1) **单瓣类**：花瓣1～3轮，雌雄蕊发育正常，为原种型。

(1) 单瓣型：花瓣1～3轮，雌雄蕊发育正常。如‘十八学士’、‘紫蝶献金’等。

2) **千层类**：花瓣多轮，自外向内层层排列，无外瓣与内瓣之分。

(2) 荷花型：花瓣3～5轮，花瓣宽大，大小差异不多。如‘红荷花’。

(3) 菊花形：花瓣6轮以上，自外向内显著变小。如‘朱砂盘’。

(4) 蔷薇型：花瓣极度增多，自外向内显著变小，雌雄蕊全都消失。如‘冠群芳’。

3) **楼子类**：有显著外瓣1～3轮，雌雄有部分瓣化或逐渐变成完整花瓣。

(5) 金蕊型：花药变大，花丝变粗，花心呈十分金黄色。如‘千丝万缕’。

(6) 托桂型：雄蕊进一步瓣化成细长的花瓣。如‘砚池漾波’。

(7) 金杯型：雄蕊瓣化的外围残留一圈正常雄蕊。如‘紫袍金带’。

(8) 皇冠型：全部雄蕊瓣化瓣变宽大，中心部分高出，但外瓣仍明显。如‘沙金冠顶’。

(9) 绣球型：雄蕊瓣化瓣充分地变大，长度与外瓣相等，全花似球。如‘红花垂缕’。

4) **台阁类**：花由2花乃至数花叠合构成，按演化程度分为4型。

(10) 初生台阁型：下方花雄蕊正常，着生于上方花四周。

(11) 彩瓣台阁型：下方花雄蕊瓣化，其瓣呈绿色或带深色斑纹；上方花雌雄蕊多正常，或稍有变化。

(12) 分层台阁型：下方花雄蕊变瓣，变得与正常花瓣无异，雄蕊变瓣较正常，花瓣短小；上方花雄蕊变得也成短瓣，全花具明显的分层结构。如‘山河红’。

(13) 球花台阁型：下方花雄蕊变瓣展宽伸长与正常花瓣相同；上方花雄蕊变瓣也多与正常花瓣无异，全花呈球型。如‘彩绣球’。

二、习 性 篇

1. 栽培好芍药需要什么环境？

答：芍药生长期间喜直晒光照，不耐阴，在良好光照下长势健壮，半阴下能生存，但不能良好开花，并逐渐衰弱。喜通风良好。耐寒，在北方可露地宿冬，在－20℃环境中不必加防寒设施。喜湿润，能耐干旱，不耐水涝，坡地、排水良好、土壤疏松肥沃、稍湿润环境长势良好。在沙土、高密度土中长势差。

2. 光照、通风、温度与水分有哪些相互作用？

答：任何有生命的物体均离不开水，芍药也是一样。光照强度越大，光照时间越长，所需供应的水分就越多，这是因为一部分水直接被光照产生的热能所蒸发，一部分被植物吸收利用于光合作用。光照强，气温越高，通风越好，需要供应的水分越多；反之则少。水分供应不足，植株体内水分缺少时，会因缺水而导致萎蔫，长时间缺水，叶片变黄或叶片先端干枯，严重时导致全株死亡。如果土壤中或空气中含水量过多，特别是土壤中，会造成土壤孔隙被水占领，植株根系不能正常呼吸，如果少量根系损伤，植株变弱，停止生长，大量根系损伤会造成全株死亡。因此在冬季气温低，植株休眠，要少浇或不浇水。

3. 什么叫土壤墒情？墒情与芍药栽培有什么联系？

答：墒情指土壤中含水量及空气量的比例。我国北方地区常将土壤含水情况称作土壤墒情。土壤墒情对芍药的播种出苗和生长发育有很大的影响。土壤中含水量多，空气就少；含空气量越大，含水量相对就少。通常将土壤墒情分为五类：

(1) 黑墒：

又称饱墒，土壤深暗黑色，土壤含水量大于20%。给人以湿的视觉，用手攥成泥团，扔之落地成饼，手上留有明显水迹。含水量多，含空气量相对不足，为适种上限。适合用于播种，有利于发芽，能保证良好出苗。

(2) 褐墒：

又称合墒，黑黄色偏黑，土壤含水量在15%～20%之间。给人以潮湿的视觉，用手攥能成团，扔之能散成大土块，手上留有湿印，含水、含空气均适宜播种，生长最好的墒情。

(3) 黄墒：

黄色，土壤含水量在12%～15%。手攥成团，扔之落地即散成小土块，手上微留湿印，有凉爽感觉。含水量能使种子发芽出苗，为适种下限。适时播种注意保墒，才能保证出苗整齐。

(4) 灰墒：

浅灰黄色，土壤含水量只有8%左右。手攥不成团，松手即散，有半干的感觉，含水量不足。播种不能保证全部出苗，只有部分出苗，应先浇透水，到黑墒后再播种，生长期间应注意保墒。

(5) 干土：

灰白色，土壤含水量小于5%。无湿润感觉，为干土块或粉状干土面。不适合播种出苗或生长需求。需浇水后播种并及时保墒。

4. 什么叫土壤质地？怎样分类？

答：土壤矿物质是组成土壤最基本的物质，一般占土壤固体部分的

95%左右。由于各种岩石所含的化学成分不同，风化后土壤矿物质颗粒大小相差较大，大小不同的矿物质颗粒组合叫土壤的机械组成，也称土壤质地。土壤质地是影响肥力和生产性能的一个主要因素，在土壤学中，根据矿物质颗粒的大小将土壤颗粒分为石块、石砾、沙粒、粉粒、泥粒、胶粒等6级，根据土壤中所含各种颗粒的比例，又将土壤质地分为沙土类、壤土类、黏土类；松沙土、紧沙土、沙壤土，轻壤土、中壤土、重壤土，轻黏土、中黏土、重黏土等3类9级。

(1) 沙土类：

松沙土（建筑沙、岩沙、大粒沙、河洗沙）及紧沙土（细沙土）。土粒间隙大，毛孔作用弱，透水通气性能好，但水分易散失，俗称漏沙地。需要随时供应水分，还需多施有机肥料。对宿根花木栽培最好进行改良后栽植。由于此类土壤热容量小，易增温也易降温，在早春土温上升快，被称为暖性土，但至秋季土温下降也快。土壤昼夜温差也大。这类土壤肥力猛，维持时间短，具有发小苗不发大株的特点。

(2) 壤土类：

即沙壤土、轻壤土、中壤土、重壤土。由于各种土粒比例适宜，因此有沙土与黏土的优点，克服了沙土和黏土的不足，是植物生长最理想的土壤。此类土壤通透性好，保肥、保水力强，土温也相对稳定，有利于耕作，适合各种植物的生长。

(3) 黏土类：

即轻黏土、中黏土、重黏土。中黏土、重黏土又称为高密度土，这类土壤土粒间隙小，通气性差，保水力强，透水力差，含矿物质丰富，有机质含量也高。黏土保肥力强，肥效长，肥料可集中施用。黏土热容量大，早春土温上升慢，被称为冷性土，此类土壤昼夜温差也较小。黏土类温度低，含空气少，密度大，不利于幼苗生长，具有发大株不发小苗的特点。

5. 温度影响芍药的花期吗？

答：芍药的自然花期在4月底至5月上旬，早春自然气温高，花期正常开放；早春持续低温，花期自然推迟。若想提前或推迟芍药花期，可利用温度控制完成。

6. 光照与芍药花芽形成有什么关系？

答：花芽形成靠植株内部所产生的成花素多少与强弱。花芽形成后的生长需要有充足的水分、养分、光照、温度和良好的通风。光照、水分、温度、养分不足，通风不良，成花素不能大量聚积，即便花芽形成，在生长过程中也不会健壮，不能良好开花。芍药植株的营养生长在先，花芽形成在后。从某种意义上来讲，营养生长给花芽分化奠定了物质基础，但在实践中有时会看到，营养生长与花芽形成有相反趋势，营养生长旺盛时，花芽形成就少，而剪除花果时，营养生长会旺盛。

花卉栽培的目的就是让植株多开花，开好花，为此必须掌握植株生长与开花的规律。在同一植株上受光充分的枝条花就多，受光不足的枝条，花芽就少。如果夏、秋季晴天多，植株受光充足，第二年花芽不但充实而且还多，这是因为自然环境好，植株体内碳水化合物积累较多的缘故。在形态学上，花芽与叶芽是同源的，植株生长点分化成花芽还是叶芽主要决定于体内成花素积累情况，以及光照、通风、水分、养分、温度。我国北方地区传统的栽培技术中用“扣水”方法来控制营养生长，以促进花芽形成是有科学根据的。

7. 什么叫光周期？按光周期分类，芍药属于哪一类型？

答：光周期现象是植株开花期在一定的光照与黑暗交替的条件下，植株能进入开花期的现象称为光周期现象。依据不同植物的光周期特性，可将其分为三大类。

(1) 长日性花卉：

大多数原产温带和寒带，其生长旺盛期在夏季，昼夜受光时间长。长日性花卉一般需要日照12小时以上才能形成花芽，芍药即属此类。

(2) 短日性花卉：

大多产于热带及亚热带，必须在每天日照少于12小时的条件下才能形成花芽的种类。

(3) 中日性花卉：

其花芽形成对日照长短不敏感，只要温度条件适合，四季均可开花。

三、繁殖篇

芍药繁殖多选用无性繁殖的分株法及有性繁殖的播种法。也能采用嫁接、根插、枝插、芽插、压条等无性繁殖方法：

1. 芍药无性繁殖有什么优缺点？

答：无性繁殖包括分株、嫁接、根插、枝插、芽插、压条等方法，通过采取以上方法使其成为一株新苗，称为无性繁殖。无性繁殖性状稳定，容易得到理想大苗，短时间即能开花为其优点。但根系不如播种苗整齐，操作需细致，养护要求严格。运输携带重量、体积较大，需要保鲜，为其不足。

2. 有性繁殖芍药小苗有什么优缺点？

答：有性繁殖即播种繁殖，用种子繁殖新个体。这种新的个体，原有父母本的性状往往不稳定，常可得到一些自然杂交的新品种，也可能出现不够理想的个体。但种子有繁殖量大，方法简便，所得苗根系完整，有杂交优势，生长健壮，寿命长的优点。种子重量轻，体积小，携带或运输方便，易于流通交换是其优点。

3. 芍药种子何时采收？如何贮藏？

答：芍药的蓇葖果总柄及果皮变黄，果背后要裂开而尚未裂开时，连同总柄刈取，取回后置半阴场地晾干。蓇葖果裂开后，种子散落，收集后即播。芍药种子胚芽不耐干旱，采后即播能保证出苗率，在常温下干藏会随贮存时间延长，种子内水分、养分消耗，出苗率随之降低，半年后失去发芽能力，不能再出苗。

4. 芍药怎样露地播种？

答：(1) 平整场地：

种子采收前，选通风、光照、排水良好的场地进行平整，将场地内及四周边缘内的杂物、杂草清出场外并做妥善处理。做成0.3%～0.5%坡度，干旱地区坡度小些，多雨地区或雨水较为集中地区，坡度大些，便于及时排水。

(2) 翻耕土地：

播种场地内土地进行翻耕，翻耕深度不小于35厘米，耙平压实。操作方法为选定位置后，画好标记，然后用铁锹掘挖，完成后用平耙耙平，应用机械翻耕一定要保证深度。

(3) 条播或畦播：

叠畦埂，按准备条播（垄播）或畦播的设想放线做标记，然后按线用耪或铁铣耖埂或垄。畦的大小按习惯宽1.2～1.5米左右，长5～6米左右。畦埂宽30厘米，高10～15厘米，总之以最上部压实踏平后能横向踏脚不会伤苗为准，畦埂要随叠土加高随用脚踏实，最后顶端耙平。做好畦埂后，将畦内土壤再次翻耕、压实、耙平。选用条播时，按垄间15～20厘米放线，叠埂顶高10～15厘米，方法与畦播相同，因种子播在埂上，固垄埂也应压实，但顶端不一定耙平。畦中浇一遍杀虫剂，杀灭地下害虫。

(4) 播种：

种子采后稍阴干即可脱粒、去杂，随后即播。播种前先浇一次透水，水渗下后即可点播或撒播，株间距10～15厘米，覆土6～10厘米。覆土宜用疏松通透、保水好的土壤，如有条件选用细沙土或沙壤土60%、腐叶土或腐殖土40%，掺拌均匀后做覆盖土更好。选用单一细沙土或沙壤土效果也好。播后稍加压实。

(5) 浇水：

畦或垄进水口处，垫一草垫，将供水管出水口放在草垫上，以防水流冲走畦土或冲出种子。垄沟浇水时也应垫好草垫。播后即行浇水。当时如果天气干旱炎热，应再覆盖一层草帘，并向草帘喷水，保持降温。出苗后撤除覆盖草帘。一般情况下，土表见干后即行浇水或喷水，保持土壤湿润，不过干，不积水。出苗后仍需保持润而不湿或稍偏干。雨季及时排水，保持无积水现象，一旦积水很可能造成涝害。留床苗于冻土前浇冬水越冬。

(6) 中耕除草：

播种期正值杂草丛生的夏季，各种杂草种子遇潮湿环境很快萌发。杂草发生后不但争夺土壤中养分、水分，地上部分还遮挡阳光，降低土温，影响通风，故需及时薅除。薅除宜小不宜大，一旦长大，根系与芍药小苗根系缠绕在一起，薅除时会将小苗一同拔出土壤以外，造成不应有的损失。除草与中耕松土通常同时进行外，并应随时发现随时拔除。中耕为植物生长期间进行土壤翻耕，当地表板结通透不良时，即行中耕松土，通常浇水、追肥、雨天后进行，保持土壤毛隙孔的通透能力。

(7) 追肥：

小苗生出后就需要充足的水分、养分供其消耗。在小苗出现2片真叶时，应追液肥1次，临掘苗分株前十余天追液肥1次，初次追肥至末次追肥间隔大于50天，应中间加追1次，每次追肥第二天浇清水1次，浇水后中耕。在水肥适当的前提下保持土壤的良好透气性，小苗才能良好健壮生长。

5. 怎样用容器播种芍药？

答：容器播种有机动灵活、移动方便、分栽伤根少、容易缓苗的优点。但养护管理中占场地、费劳力、费水等为其不足。

(1) 平整清理播种场地：

播种前先选好背风向阳、排水良好场地，将场地内及周边杂草杂物清理出场外，并做妥善处理。清理好排水设施，并做成0.5%～1%的排水坡度。喷洒一遍杀虫、杀菌剂。

(2) 规划好摆放位置：

平整清理完成后，按方规划好摆放位置。依据实际情况，可按50盆、100盆、500盆、1000盆等为一方，既便于养护管理，又便于统计数量。方的宽度最好不大于1.6米，过宽养护管理不方便，长度通常不超过6米，但要依据实际情况而定。追求清洁整齐。规划后用量绳等确定位置，放线做出标记。方与方间预留操作通道以及四周预留人行及运输通道，运输及人行通道宽不应小于1.5米，方与方间通道宽不应小于0.5米，以浇水软管能自由迂回为准。

(3) 容器选择：

芍药播种常用容器有口径18～26厘米高筒瓦盆，10×10～30×20（厘米）营养钵，高30～40厘米木箱或专用容器。容器要求透气、排水良好，应用旧容器应清洗洁净，如发现有水渍污物可用钢丝刷、锉刀刷等清除洗净后应用。木箱在市场无现品供应，多数自制或请做木桶的商人定做。尺度不宜过大，以一人能随意搬动为准，通常长50厘米、宽30厘米、高25厘米，过大则太重不好移动，过小则播种量少。

(4) 填装基质：

播种土壤选用细沙土或沙壤土60%、腐叶土或腐殖土40%，拌均匀后上盆。也可单一选用细沙土或沙壤土。土壤应用前需充分晾晒或高温消毒灭菌。目前有人用园土30%、细沙土40%、蛭石30%，拌均匀后应用效果也好。准备好土壤后，用塑料纱网或碎瓷片将盆底孔垫好，即可填装土壤，随填随压实，填至距盆沿4厘米左右时刮平压实，灌透水。

(5) 播种：

应用花盆或播种木箱点播种子时，株行距6～10厘米，利用10厘米小营养钵播种时每钵1粒，大于10厘米可参照花盆或播种箱株行距。播后覆土3～4厘米压实。操作时可将盆或钵用两手握盆沿，然后在地面上下蹾实。

(6) 摆放：

播种完成后，运至养护场地，按划定的方的大小，横平竖直地整齐摆放。如播种容器种类不同或规格不同，应分类摆放，或高的、大的摆放在北侧，矮小的放在南侧，使其互不遮挡光线，通风良好。

(7) 浇水：

整齐摆放好后即行喷水浇灌，切勿使水流直冲于容器内土壤，防止将种子冲出土外，甚至冲出盆外。浇透水后保持盆土湿润，并回头看有无积水，如发生积水应及时找出原因并进行排除。播种后的前10天保持潮湿，以后改为湿润。因芍药种子有胚轴休眠特性，胚根与胚芽遇水后虽然同时萌动，但胚芽萌动后即行休眠，胚根继续生长、伸长、扩大，当根生长到一定长度后，芽才会蹿出土面，实际就是种子先生根后发芽。由于有这个特性，故前期需水大，对种子需要的水分充分供应，供种子消耗。当种子根发生后，需要一定量的空气，故需减少浇水，保持土表通透，以利种子胚芽的生长。胚芽露出土面后，浇水方法可改为灌浇，也可按原来的方法喷浇，保持润而不湿或偏干。

(8) 中耕除草：

追肥后、雨后土表板结时，即行浅中耕松土。通常用自己制作的铁线勾子将地表耙松。此时因根系小而少，松土时不宜过深，以免伤根过多。再者芍药生根多在秋冬之际，此时伤根不易恢复。如果不松土，土壤含空量又不足，空气不流通，根系不能正常呼吸，对生长发育均有不良影响。薅草可与中耕相结合，在中耕松土的同时将杂草薅除，也可独立进行。杂草在适温土壤、适湿的环境中随时均会发生，应随时薅除。薅草宜小不宜大，盆播更应如此。杂草不但与芍药幼苗争夺养分、水分，而且挡光影响通风，根系占领土壤孔隙，妨碍小苗根系发展。且一旦长大，根系缠绕在一起，拔除时很容易伤害小苗，更不好薅除，故应在杂草小时及时薅除。

(9) 追肥：

小苗露出土表后，全部靠自身的光合作用、蒸腾作用等制造所需物质存活下来，这就需要足够的养分。来自土壤中的养分随着小苗对养分的吸收利用势必缺失，故需按时追肥。小苗的追肥通常选用液肥（肥水），一般情况于第二片真叶发生后开始追液肥，每15～20天1次。如应用无机肥时，应对水成浓度3%～4%浇灌。家庭条件应用花开市场选购的小包装肥料时，按说明施用。施用无机肥，氮、磷、钾最好按1：2：1.5配比。如有条件埋施时，其效果是相同的。

6. 楼房环境如何播种芍药？

答：住在楼房里，栽培芍药只能用专用容器栽培。播种可选用口径18厘米深筒瓦盆，或16厘米营养钵，或不小于20×20×30（厘米）木箱播种。应用旧容器时应清洗洁净，容器壁上有水渍、污垢时，可用钢丝刷、锉刀刷等清除后再清洗，保持容器壁孔隙通透，清洁卫生。选用细沙土或沙壤土60%、腐叶土或腐殖土40%拌均匀后充分晾晒，晒干晒透。或选用细沙土、普通园土各50%，或单一应用细沙土或沙壤土，装好土壤后即可播种。浇透水后置阳台直晒光照处，每天早晨或傍晚浇水，浇水要透，并保持不积水不过干。雨天及时排水。小苗未出土前，盆土宜保持偏湿，出苗后保持偏干，待第二片真叶展开后，追1次液肥。秋季叶片枯萎后脱盆分栽。

7. 8月由外地邮购来的芍药种子播下后为什么1棵苗未出？播下1个月后检查，发现种子已腐烂是怎么回事？

答：邮购的芍药种子很可能是陈旧种子，或收藏不当的种子。芍药种子应该8月份成熟，如果是新种子应该出苗率很高。建议邮购种子建立信誉协议书，并在有信誉的大型种苗公司购买。

8. 芍药怎样分株繁殖？

答：分株繁殖在南方称为分塘法，不仅可以提早开花，而且可以保持母本的优良特性，花姿美、花瓣多。我国花农谚语中有“春分分芍药，到老不开花”、“七芍药，八牡丹”之说，这是千百年来芍药栽培的总结。芍药有秋冬发生新根的习性，通常于秋季分株，这时土温高于气温，有利于分株后根系伤口愈合萌发新根，增强抗寒耐旱能力。过早分株易于秋发，但翌年生长受限；过迟分株长势又弱，甚至因不耐旱涝而死苗。

分株方法为：

(1) 掘苗分切：

于农历7～8月，最迟不迟于9月，选无病虫害、生长健壮的丛生苗，用铁锹掘起。掘苗时由苗基部向外15～20厘米处四周下掘，将整丛苗根系全部掘出土外，然后去宿土使根系露出来，置通风良好、直晒下晾晒1～2天，待主根由鲜脆变得绵软时，从自然能分切处分切，切后伤口处抹涂硫磺粉或新烧制的草木灰。

(2) 叠垄栽植：

平整好栽植场地，施入腐熟厩肥每亩2500～3000千克，翻耕深度不小于35厘米，耙平压实。并按40厘米行距开沟叠垄，垄背高20～30厘米，再次将垄背压实，使垄背顶部宽不小于20厘米，沟宽35～40厘米。干旱少雨地区，将苗栽植于沟底；多雨地区栽植于垄背顶部。栽植时用铁锨或苗铲掘栽植穴，深度宜大于根系的长度，使根系在穴中舒展放置，穴间（株距）距离35～40厘米，在一块地上要照顾横成行、竖成线，对角也成直线。操作时一手握苗，将根系放入穴中，扶正，另一手用苗铲将土壤填入穴中，边填边压实，直至根的颈部，颈部以上留3～5厘米空间，留作出苗后防倒伏填土之用。

(3) 浇水：

栽植后2～3天后即行浇水，畦、垄、坛等栽培苗，通常选用灌浇，浇灌时将管道或垄沟出水口处垫一块草垫，以防止将这块地方的土壤冲向畦沟的其它地方。第一次浇水要足，但不能积水。北方地区在干旱条件下通常第三日浇第二次水，再过3日浇第三次水，3次水后保持土壤湿润，并中耕墩苗。缓苗后当恢复生长后，保持土壤湿润中偏干。

9. 我酷爱芍药，去年由花卉市场购买的盆栽芍药是栽植在口径60厘米的花盆中的，共有6株苗。想在深秋初冬之际分株，我住的地方全部是硬地面。该如何分株？

答：可利用花盆分栽。

(1) 切分：

芍药属直根系花卉，具有粗大主根，须根较少，通常不用容器栽培。既然受条件限制，欲想分栽应选择大口径深筒花盆，及排水良好的栽培土壤。脱盆分栽会出现两种情况：其一为多株组合栽植的；另一种为单株丛生的。多株组合丛，脱盆去宿土后，按原有单株分开栽植，不再按芽切分。单株丛脱盆去宿土后，按3～4芽1丛，在自然可切分处切离母体，成为独立的株丛，伤口处涂抹新烧制的草木灰或木炭粉或硫磺粉。

(2) 容器选择：

容器栽培常见的为选择高筒花盆，称为牡丹筒，口径24～40厘米，深24～32厘米，3个底孔。也可选用相应尺度的水桶。利用旧盆应刷洗洁净。

(3) 栽培土壤：

栽培土壤选用园土40%、细沙土20%、腐叶土40%，另加腐熟厩肥10%～15%，应用腐熟禽类肥、腐熟饼肥、颗粒粪肥时为5%～6%，翻拌均匀后充分晾干，以消灭土壤中地下害虫及卵，以及有害菌类及杂草种子。也可用园土40%、细沙土20%、腐叶土20%、蜂窝煤灰20%，另加上述基肥翻拌均匀后应用。近年来有人用细沙土或沙壤土用层圈肥方法栽培，效果尚好。

(4) 栽植：

用塑料纱网或碎瓷片垫好盆底孔后，填一层建筑材料陶粒，耙平使其在盆内分布均匀，然后填3～4厘米厚栽培土，沿盆壁撒一圈腐熟有机肥，并覆土埋于其中，耙平压实。然后一手握苗并随时扶正，一手用苗铲填土，随填随压实，直至填满。基部潜伏芽应全部埋于土中。留水口2～3厘米，最后用双手握盆沿在土地上上下蹾2～3次，使土壤与根系密贴。浇水养护参考上问。

10. 早春将去年播种于大田、小钵、木箱中的芍药苗进行分栽。其中小钵苗、木箱苗很快恢复生长，而露地越冬的大田畦播苗掘苗栽植后不但缓苗不好，夏季还发生死苗，是什么原因？

答：前边已经介绍过“春分分芍药，到老不开花”的习性，芍药有在秋冬之际发生新根并增多伸长的特性，春夏间不但不能发生新根，往往还会有部分弱根死掉。小钵苗脱钵时，只需用手轻轻挤压，即能带土球完整脱出，根系不受伤害。木箱苗脱除箱体，对小苗根系伤害也少，故缓苗快，甚至不用缓苗接着生长。而露地畦播苗掘苗时伤根多，又不是生根季节，不能发生新根或很少发生新根，所以缓苗慢，甚至因不能生新根而不能抵御干旱、水涝、高温等而死苗。为了良好生长，还应该在秋冬之际分栽。

11. “春分分芍药，到老不开花”这句谚语是否有些夸张，真的到老不开花吗？

答：春季分栽芍药，夏季长势弱，甚至死苗。一旦到秋季发生新根季节，它也会发生少量新根维持生命，2～3年后可逐步复壮。所谓到老不开花，是一种比喻，栽培一段时间还是能开花的，不过这段时间需精心养护。

12. 怎样利用枝插繁殖芍药？

答：(1) 切取插穗：

于开花前15天左右，由基部叶片下1.5～3厘米处用利刀切取枝条，而后由基部第二个叶片上部切断，上面部分依次按2片叶一段切断。切口宜平滑无错口、毛刺或撕皮或劈裂现象，切口涂抹新烧制的草木灰、木炭粉或硫磺粉。上部切口距叶片3～5厘米，然后将下部叶片剪除。修剪时切勿伤及腋芽。上部叶片剪去1/2至1/3，再按长短、强弱分别堆放。

(2) 扦插场地：

露地畦插：选背风向阳、排水良好、土壤疏松肥沃、无明肥场地，叠畦扦插。先平整翻耕土地，做成0.3%～0.5%坡度，翻耕深度不少于25厘米。耙平压实后叠畦，畦宽1.2～1.5米，长可按实际情况而定，习惯上不长于6米。并做好遮荫支架。浇一遍杀虫灭菌药剂，消灭有害菌类及地下害虫。

对土壤的要求：露地畦插畦土应该为通透良好、无杂物的沙壤土或耕作壤土。如果土壤通透不良，含杂物过多，应换细沙土或沙壤土后扦插，换土深度不少于15厘米。

(3) 扦插：

平畦扦插，由畦端的一侧插起，先在北侧扦插长穗、壮穗，使相互不挡风遮阳，最后扦插短穗、弱穗。扦插前浇一遍水，待水渗入地下后即行扦插。扦插时先用比插穗直径稍粗些的木棍或竹扦或金属钎扎孔，孔深8～10厘米，或深于插穗预插入土壤部分的长度，以减轻土壤与插穗外皮层的摩擦。扦插时一手握插穗将其基部放入孔中，另一手将插穗四周土壤压实，株行距不小于8～10厘米，并做到横成行、竖成线。扦插完成后再次浇透水，蒙好遮荫帘。

（4）容器扦插：

芍药很少用容器繁殖，这里只作常见介绍。扦插容器的选择：扦插容器多选用普通瓦盆、营养钵或木箱。选用瓦盆口径应不小于18厘米，营养钵10厘米（单株）口径，浅木箱依据插穗量及现场实际情况而定，但以一个人能自由搬动为宜。应用旧容器应刷洗洁净。容器扦插土壤多选用细沙土40%、园土60%，或细沙土30%、蛭石30%、普通园土40%，经充分晾晒拌均匀后应用。

扦插前先浇透水，水渗下后，用相应直径的木棍扎孔，将插穗置于孔中，使其直立，四周压实。置荫棚下或通风良好的半阴场地，浇透水，每日向场地内外及叶片喷水。

扦插苗生根的同时，潜伏芽也在萌动。秋冬之际分栽或留床，第二年秋冬之际分栽。

13. 怎样根插繁殖芍药？

答：秋季分株时，将收集的断根切成5～10厘米小段，切口宜平滑不能出现劈裂、撕皮、毛刺。伤口处涂抹新烧的草木灰、木炭粉或硫磺粉。扦插于备好的繁殖畦地，扦插深度10～15厘米，覆土6～10厘米，耙平稍压实，2～3天后灌透水，保持土表湿润，多数第二年春季新芽出土。冬季留床养护。

14. 怎样进行芽插繁殖芍药？

答：于秋季利用丛生苗产生的潜伏芽，由芽基部切下，基部浸蘸适量生根素，剂量及应用方法参照说明书，而后扦插于苗床，冬季留床越冬。

15. 怎样压条繁殖芍药？

答：于春季将芍药的嫩茎壅土或空中土球或利用花盆等方法将其埋于

介质中进行压条繁殖。

(1) 壅土压条：

将压穗基部任何一侧横切一刀或环切一刀，以切断皮层为度。然后壅土高15～20厘米土堆，浇透水，保持土壤湿润。

(2) 空中压条：

在枝条适当位置将皮层环切，在环切处套上一个塑料袋，袋中装满土壤或蛭石等介质灌透水，并将上口封严，保持介质湿润，生根后于秋季剪下，另行栽植。

(3) 套盆法：

可利用普通花盆，在幼苗时将枝条由盆底孔引入盆内，或利用劈开的竹筒将枝条扣入其中，也可用营养钵等将环切好的压穗压入其中。灌透水后，如果是封严上口的，可10～15天解开上口补充浇水，如果是敞开的，则需每日早晨或傍晚浇水。生根后，于秋季切离母体进行栽植。

16. 单位绿地中有一丛半重瓣的玫红色芍药，每年只见开花未见结实是什么原因？

答：绿地中栽培的芍药只开花不结实的原因有两个可能，其一开花季节没有昆虫授粉，雌雄蕊不能相遇，不能形成雌雄配子故不能结实。其二雌雄蕊高度瓣化，雌蕊变成不育，雄蕊变成花瓣后，不能产生花粉故不能结实。欲想结实，第一种情况选用人工辅助授粉，即有希望结实。第二种情况，植株已进化成中性体，失去生殖能力，无法结实。

17. 什么叫人工辅助授粉？怎样进行？

答：人工使用毛笔、棉球等将花粉蘸下，点在雌蕊柱头上的方法称人工辅助授粉。操作时用毛笔或镊子或棉球将成熟花粉蘸下，也可将雄蕊带花丝剪下，轻轻地将花粉抹在雌蕊柱头上。习惯上多在晴天上午9:00至下午4:00，为防止昆虫再次授粉，通常选用防护袋罩上。人工辅助授粉后保持干燥，一旦遇水将会失败。

18. 怎样利用芽头秋植芍药?

答：芍药所用部分为主根，采收主根时，将先端芽头留6～10厘米切下另行栽培的方法称芽头栽植。实践中这种方法并未增加数量，不能列入繁殖范畴，只不过废物利用而已。切取时伤口宜平滑，无毛刺、无撕皮、无劈裂等。切后伤口处涂抹新烧制的草木灰、木炭粉或硫磺粉，防止或减少伤流及有害菌类由伤口侵入体内危害，并按分株方法栽植。

19. 怎样嫁接繁殖芍药?

答：芍药嫁接多用于品质优良而根系不发达的品种，以及育种中为使其提前开花。常见多为根接。其方法与其它花木花卉枝接相同，如斜接、平接、梯接、鞍接等。

(1) 斜接：

将接穗及砧木均斜切一刀，角度以操作方便为准，使伤面平滑无接刀痕、无劈裂、无毛刺，将两斜面贴合在一起，使髓心部位严密结合，用塑料带裹紧捆严后栽植。

(2) 平接：

将接穗横向平切一刀，砧木也同样切一刀，髓心对齐后用塑料带裹紧捆严后栽植。

(3) 梯接：

将接穗、砧木选光滑位置横向切一刀至髓心部位，向上或向下1.5～3厘米位置在背面横切一刀，同样至髓心部位，然后于中央竖切一刀，使两切口相接形成梯形，接穗、砧木贴合在一起的方法。

(4) 鞍接：

将砧木或接穗用利刀削去一部分，使其成为V型或倒V型切口，然后两者贴合，用塑料带捆裹严紧后栽植的方法。

四、栽培篇

1. 怎样沤制厩肥？

答：在距牲畜圈棚不远的地方，选背风向阳、排水良好、运输方便场地进行清理平整。围土埯，通常呈长方形、方形或圆形，将圈中牲畜粪尿、食物残渣以及垫圈时垫入的秸秆等起出堆沤。堆沤时，如果圈中牲畜粪尿及食物残渣含水分较少时，应在堆沤时放一层厩肥，然后喷水，使其全部湿透。习惯上堆到1.5～2米高左右，将四壁土埯用铁铣拍压切齐，通常呈锥体状。为防止流失及加快腐熟，可覆盖塑料薄膜。夏季20天左右、冬季60～90天，拆垛翻拌，俗称倒肥1次，然后堆好，直至全部腐熟即可施用。

2. 怎样沤制有肥腐叶土？

答：在距住宅及生活区较远的地方，选背风向阳、排水良好、运输方便地区作场地，按堆沤量多少进行清理、平整，并用普通园土围埯，埯高30～40厘米，宽30厘米左右，埯内填10厘米厚细沙土，耙平压实，再放一层禽类粪肥或化粪池中人粪尿，其上堆放一层落叶或枯草，仍需用细沙土或普通园土压实。土上再放一层禽类粪肥，落叶枯草，周而复始直至堆放到1.2～1.6米高，最上一层为细沙土或普通园土。堆掩随填落叶粪肥等而加高直至顶部。粪肥落叶等如果含水量较少，堆沤时应层层喷水，使被沤物质全部湿透，最好用塑料薄膜封严。翌春化冻后掀开塑料薄膜，由任何一侧进行翻拌倒垛，将黏结在一起的大块搅拌松散均匀，使粪肥与落叶均匀分布。倒垛后仍须堆叠整齐，以后每月余翻倒一次，直至成褐黑色小碎块充分腐熟为止。大田应用时往往翻倒2～3次后即可施用，有部分尚未腐熟的小块，施入后在栽植地腐熟，由于栽培面积及应用场地较大，阳光、通风、水分又充足，对植株不会产生大的伤害。用于容器或栽培场地较小时，必须充分腐熟，以防肥害。

3. 无肥腐叶土怎样沤制？

答：无肥腐叶土实际上是纯腐叶土，未加入任何肥料，沤制方法比较简单。于秋冬之际，选好场地，平整清理后，按需要量用普通园土堆掩，掩内铺一层细沙土，土面即堆放落叶。过大过厚的落叶、树枝、树皮应在堆沤前破碎。每铺20～30厘米厚，应压实一遍并喷水加湿，直堆至1.2～1.6米高，向顶部喷水，用园土及塑料薄膜封严。翌春化冻后掀开塑料薄膜，翻拌倒垛。夏天每月余翻倒1次，直至全部腐熟，过筛后应用。

4. 场外道边原有木材厂堆放一堆小山似的锯末、碎木屑、烂树皮、树叶、树枝及一些清扫庭院的垃圾，能否加入堆肥？

答：这些木材厂废弃的下脚料，长的、大的、坚硬的应经破碎机破碎成碎屑，将砖瓦石砾清理出去，运至堆沤场地，堆沤使其充分腐熟或用作垫圈。如果已经腐熟，可用于露地栽培场地。锯末、木屑含氮量因种类不同而不同，大约0.3%～1.4%之间，因颗粒大小不同，对土壤通透性影响也不同，总之对改良土壤、增湿保墒有一定益处。用量可按厩肥量施用。

5. 村边有一积水多年的水塘，近年来由于天气干旱几近干涸。塘内有大量黑色塘泥，能否代替厩肥施用？

答：多年积成的河泥、塘泥、湖泥等，均含有大量有机物质及植物所需要的营养元素，只要没有化学物质污染，可于秋冬之际清理挖掘。如果含水草及未腐熟物质过多，应堆沤腐熟，然后晒干施用。如果含水草不多，可直接晒干粉碎后施用。施用量可按腐熟肥量增减，沙质土、沙壤土可适当增加，园土中的轻壤土、中壤土可按厩肥量施用，重壤土、黏土类除施塘泥外，应增施腐叶土，以增强土壤通透性及保湿性。

6. 村里办养鸭场已经近30年了，现在既养鸭又养鸡，还有鹌鹑等。场的围墙外有十多米宽的排污沟，污水来自场内，沟内积有大量已经腐熟的禽类粪肥。能否挖掘回来施于露地栽培畦地？

答：排水沟内淤积的禽类粪肥大多已经腐熟，只有少量尚未腐熟，可挖掘运回摊开充分晾晒，晒至呈干土状态后将大块粉碎，敛堆在一起，同时除去砖瓦、石砾等杂物。畦地中可直接施用，容器栽培应再次腐熟，腐熟后再次晾晒方可施用。施用量参照禽类粪肥。

7. 村外山脚下杂木林荒坡沟中有大量落叶腐烂后的土层，人踏上去软绵绵的，用金属棍扎探，深度约有1米，能否挖掘取回代替腐叶土栽培花卉？

答：这种自然堆积的腐叶土，通常上部为近期落叶，尚未腐熟，下层已经长期风雨浸沤充分腐熟，但会有部分半腐熟的大片叶或树枝、树皮等。可将上部未腐熟部分铲除，掘取下面已经腐熟的部分，经充分晾晒后施用，为良好的腐叶土。少量取用应该没什么问题，但要大规模挖掘，应获得国家和地方许可，并确认开发后不会发生地区性灾害，以及开发后回填等多种问题。

8. 工厂的绿地中想栽培芍药，但厂址建立在古河床附近，土壤均为矿土与碎石混合地，且大小石块都有，应如何改良土壤？

答：芍药喜湿润，稍耐干旱，喜疏松肥沃场地，在普通园土（壤土类、沙壤类、松黏土）中长势良好。沙砾加石块场地，因含营养元素少，漏肥、漏水，芍药长势不良。这种条件的土壤，应过筛将大的石块捡出，中小型石砾筛除，留下的沙土加入适量普通园土、腐熟厩肥，或更换新土，客土（新土）应疏松肥沃，富含腐殖质。换土可全部更换，也可按穴更换，穴直径不应小于40厘米，深35厘米，并施足基肥。习惯上客土每平方米施肥量为4.5～5千克，需分布均匀。

9. 在公路绿带中规划种植几片芍药，应怎样施工？

答：(1) 平整场地：

按规划图将栽植场地做全面清理平整，将场地内杂草杂物等能清理的全部清理出场外，不能清理的做妥善处理。对凹凸不平处进行填补，使其基本平整，并平垫出0.3%～0.5%坡度。

(2) 翻耕栽植场地：

整理平整后，每亩依据栽植地土壤贫瘠情况施入腐熟厩肥3000～4000千克，应用颗粒粪肥、禽类粪肥、腐熟饼肥时为1200～1500千克左右。均匀撒于地表，翻耕深度不少于35厘米。杂物过多应过筛或更换新土。

(3) 定点画线：

在规划施工图上找一个固定点，如建筑物墙体、电线干、公路牙子、大树等为坐标点，向四周展开。以坐标点为零每隔5米、10米做方格线，然后将施工图上的方格线放大到施工现场的栽植地，并做好标记，即能准确地栽植于栽植点上。

(4) 栽植：

按放线定点位置掘穴，株行距40～60厘米×50～60厘米（中心至中心）。方形栽植穴边长不小于35厘米，深35厘米。圆穴直径不小于35厘米，深35厘米。掘穴时应垂直向下，坑底与坑壁、地面与坑壁均成为90°

角，而不能口大底小，圆穴呈筒状体，而不是上大下小的圆锥筒体。穴底施入一层腐熟基肥，垫一层栽植土，耙平压实，然后一手握苗将根系放于穴内，另一手握苗铲填土。两人操作时一人扶苗，另一个人用铁锹填土。栽植时手护潜伏芽，勿使芽受到外来机械损伤。随填土随压实，填至距地面5～8厘米处留水口及越冬保护空间。栽植完成后整体找平。如栽植面积过大时，应中间叠分畦埯，以利浇水及排水。

(5) 浇水：

栽植2～3天后即可灌透水。待土表见干后第二次浇水，过3～5天第三次浇水。以后保持土壤湿润中偏干。雨季及时排水。上冻前浇越冬水。栽植第一年浇越冬水后稍加覆盖，防风防寒越冬。

(6) 中耕松土除草：

秋季栽植后仍处于多雨季节，加之浇水，土壤保持湿润，一些杂草种子遇水后很快即能发芽生长。芍药苗尚未缓过来，杂草已经满畦。故于浇水后、雨后土表板结时，在中耕松土的同时将杂草薅除。

(7) 追肥：

入冬前追肥一次。道路旁绿地通常选用埋施，依据现场实际情况选择环掘埋施，井字掘埋，或者直线开沟埋施。环形埋施为以植株丛为中心，向外延伸10～15厘米，为回绕成环形的形式，沟深10～15厘米，宽8～10厘米，将腐熟肥料加入后，仍用园土覆盖压实耙平。井字围施是将行间及株间档距中掘开，施入肥料后回填原土的方法。直线开沟是将行间空档掘开施入肥料的方法。如果有条件追液肥，肥后中耕效果也好。翌春新芽发生后仍需再追肥一次。

10. 黄黏土地能栽培芍药吗？需要怎样改良后才能栽植？

答：芍药喜疏松肥沃、排水良好栽植地。在黄黏土中不能良好生长，必须改良后才能种植。这种土壤干后结块，硬如砖石，遇雨表层成泥，因不能良好渗水，下面仍为干土，一旦有孔隙能冲成暗沟，最后失陷成坑道，土粒密度高，土温上升慢，含空气量少，营养元素不易分解，植株根系不能生长，不改良不能栽培芍药。这种土壤改良方法多采用增加腐殖质、有机肥、纤维质等。常用的有粉碎后的树枝、树皮、木屑、刨花、树叶、杂草、锯末、煤灰等，加入量应依据土壤情况，通常占20%～30%，另外还需加入适量有机肥，如厩肥、人粪尿、禽类粪肥、牛马粪等，栽培数量不多时，也可选用颗粒粪肥、饼肥等，这样改善土壤结构会越来越好。最简单的加入方法为沟翻法，即将栽植地一侧先掘出一条浅沟，深度35厘米左右，在沟的内侧向沟内撒入改良介质及肥料，平行挖第二条沟，并将原土填入第一条沟中，沟中施肥，以此类推，一块地施完后，第二次翻耕，即能使这些有机质均匀分布。也可于平整土地后将这些有机质铺撒于土表，随后翻耕，使其在原土中均匀分布。栽植后每隔2～3个月追肥1次，保持土壤肥力，使其持久地保持良好状态。

11. 芍药播种苗出苗后如何栽培养护？

答：芍药1年生播种苗生长缓慢，株高2.5～4.5厘米，通常只长1～2片真叶，根长8～15厘米，直径约0.4～0.8厘米，地上部分根颈处生有顶芽1枚，罕见有两枚。2年生苗生长逐步变快，株高可达25～30厘米，根长12～16厘米，直径可达1.4～1.6厘米，并生有明显细根6～8条，根颈处生有顶芽2个。一般情况下处暑（8月下旬）至白露（9月上旬）可移植分栽。生长发育良好的实生苗栽培4～5年即可开花。

(1) 平整翻耕栽植畦地：

栽培畦地必须为疏松肥沃、排水良好、光照充足、通风顺畅的壤土地。在贫瘠土、高密度土上长势差。栽培畦地选好后，将场地内杂物、杂草清理出场外，不能清理的部分要做妥善处理。平整时做成0.3%～0.5%坡度，以利雨季排水，并施入腐熟厩肥每亩2500～3000千克，应用腐熟禽类粪肥、颗粒粪肥、腐熟饼肥时为1500～2000千克，铺撒均匀后进行翻耕，翻耕深度不小于35厘米，耙平压实，并按40～50厘米行间距开沟，沟宽40～60厘米，深不小于30厘米。

(2) 分苗：

露地畦播苗：

掘苗前1～2天浇透水1次，待畦土呈黄墒状态时，由畦的一端畦口处，将其用铁锹掘开并继续向内挖掘，深度应超过主根长度，习惯上不小于20厘米，将根带宿土掘出，放置在地表后去宿土，此时应保护好芽头，勿使其受意外人为机械损伤。应按强弱、大小分别堆放。

木箱播种苗：

当年秋季或留床栽培养护的第二年秋季，箱内土壤稍干时，将箱体一侧立起，一手扶箱内土表，一手摇扣箱体，土壤松动后，使苗与土壤同时脱出木箱，再除去宿土，按单株分开成裸根苗。

花盆播种苗：

用手握紧盆沿将花盆放倒成横向或倒置，将盆沿轻轻向土地面或桌椅边角、窗台外沿轻轻磕动，使苗连同宿土同时脱出，然后除去宿土按单株分开。

营养钵播种苗：

营养钵又称软塑料钵，是用软塑料制成的一种苗木繁殖、栽培专用器皿。是既轻便耐用，不怕磕摔，耐水湿，又经济的容器。由于制造粗糙，不甚美观，故出圃时脱钵换盆。目前用于播种的规格多为口径10～12厘米小钵，每钵播种1粒。实际上是脱钵栽植，根本不存在分苗。操作时一手托起钵横置或倒置，另一手托苗，托钵手捏紧钵后向前推，即能带土球丝毫无损地脱出。脱后即可栽植。小钵播种苗对根系无人为机械损伤或极少损伤，故栽植期不受影响，可提前也可延后。

(3) 栽植：

按40～60厘米株距栽植于畦地。数量多面积大时，先用铁锹或锄头开斜沟，将分株苗或芽头置于栽植沟中然后填土，填少量土后，用土将苗压正，再行四周填土，并用脚将其踏实，使苗保持直立，直至填至颈先端芽苗处。如数量不多，可将苗放入栽植沟后一手扶苗，一手用苗铲填土，随填土随压实，保持苗体扶正，直至填满，最后整体耙平。栽植时，大苗、强壮苗栽植在一起，小苗、弱苗单栽一畦，以便于养护管理。

(4) 浇水：

栽植2～3天后即行浇透水。第一次浇水时，管道出水口即畦的进水口在浇灌时先垫一层防冲草垫，将水管口放在草垫上浇，以防止将土壤冲得高低不平。水渗下后，将畦内因压实不足而出现的下陷地方用栽培土填平。再过2～3日后浇第二遍水。以后保持畦土表面不干不浇。浇水的原则是热天、风天、旱季、晴天多浇，阴雨天气少浇或不浇，土表不干不浇。

雨季及时排水。入冬上冻前浇越冬水，翌春化冻后浇返青水。

(5) 追肥：

分栽时施足基肥。生长期间花蕾形成前开始追肥，每50～60天1次，通常选用埋施，有条件也可浇施，浇施每30～40天1次，埋施可选用围施，井字施或直沟埋施。栽植后入秋追施是非常重要的，此时正值芍药发生新根并伸长的阶段，通常埋施沟宽不小于25厘米，深10～15厘米，将肥料撒入沟中后即用原土覆盖。常用肥料为腐熟厩肥，也可应用腐熟禽类肥、腐熟饼肥、颗粒粪肥等，尽可能不施用无机肥。肥后即行浇水。

(6) 中耕松土除草：

肥后、雨后、土表板结时即中耕松土。中耕既能增强土壤中空气流通，又能保墒。农谚有“三耕六耙不耪不收”“旱耪田涝浇园”“多犁一次田，多打一斗粮”等，均说明中耕的必要性。薅除杂草是日常养护管理的重要环节，除中耕同时薅除外，生长期间应随时发生随时薅除，以杜绝养分被杂草吸收，造成不应有的流失，另外杂草还挡光挡风，影响土壤温度的调节。一场雨一遍草，雨后、浇水后是杂草滋生的旺盛期，应结合中耕将其薅除，薅除的杂草应集中运出栽植地，不给害虫留下滋生的场所。

(7) 越冬：

芍药耐寒，在我国北方地区可露地越冬。1年生苗由于苗小，根系在土壤中浅，易受干旱侵害，需稍加覆盖，2年生以上即可不加任何保护越冬，但需浇灌越冬水。工作人员、游客较多的地方，应设立围栏保护。翌春化冻后浇返青水使其恢复生长。

12. 工厂生活区绿地栽植了大片芍药，是否能用浇绿地草坪、树木的中水同时浇灌？中水对芍药有无害处？

答：中水为工业用废水、生活用废水集中后经过净化处理再利用的水。国家对中水出厂质量有一定要求，只要达到要求标准，浇灌绿地树木及观赏花卉均无问题，对植株无害。对药用芍药栽培，应经有关部门鉴定后再浇灌。

13. 半山区目前旅游业发展很快，在一片平地旁有一清澈如镜的小池，池水来自山泉。在平地种了一些芍药，浇灌就用池水。在村里也种植了不少棵。但平地苗长势弱，村里种的长势强。土壤质地、肥料施用均差不多，是否与水有关？

答：村里的芍药长势好，山上平地长得差，原因是多方面的，但主要为山上栽培的芍药挨近水池，又用池水浇灌，气温、土温相对较低，土层浅，空气、水分调节不良，昼夜温差大，都是影响长势的因素。而村里则正好相反，应该是长势好的主要原因。当然土壤质地，所施用的肥料、光照、通风情况也是影响因素。

14. 很多年前我们这里有一条山沟称“芍药沟”，后来有药商来收购芍药根，于是他挖你挖我也挖，生把一条沟的芍药翻石倒砺地挖了个干净，便成了有名无实的沟壑。目前发展旅游想恢复种植芍药，应怎样实现？

答：现代芍药均为选育栽培多年、优良性状稳定的种类，长时间受人工栽培养护，按时追肥、浇水。对风雨无挡的野外严酷环境已经不能适应，故难以生存。可选用目前野生种类的种子直接播种繁殖，成功率会高些。

15. 河水、湖水、池水、塘水、井水、深井水、泉水、贮存的雨水、自来水，哪种水浇灌芍药好？

答：河水、湖水、池水、塘水、贮存的雨水只要不受化学物质污染，应该是比较好的。这些水接触光照、空气等面积大，水温接近自然气温及土温，一些营养元素易分解，有益菌数含量多，植株根系易吸收，不受任何阻碍及伤害。其次为井水及流淌一段路程的泉水，这些水在阳光下流动一段时间，温度很快上升，甚至与土温相近，有利于植株吸收。深井水、泉水水温与土温、自然气温相差过大，自来水中有净化剂，均需经晾晒后浇灌为最好。水温过低，浇灌后土温必然降低，使根系生理活动减缓暂停吸收，致使全株水分、养分暂停供应，生长暂时停滞，减慢生长速度。

16. 药用芍药栽培，如何平整翻耕栽培用地？

答：选择通风向阳、土质疏松、土层深厚、地势高燥、土质肥沃的沙质壤土、加沙黄土及冲积壤土作栽培场地。于栽植前将场地内杂草杂物清理出场外，不能清理的需做妥善处理，并做成0.3%～0.5%坡度，翻耕深度不小于35厘米，同时每亩施入腐熟厩肥3000～3500千克，应用颗粒粪肥、腐熟禽类粪肥、腐熟饼肥时为1500～2000千克，耕耙翻拌均匀。实际操作时，一种方法为平整好场地后铺撒肥料而后翻耕，然后再次翻耕；另一种方法为平整后即行翻耕，耙平后再撒铺肥料，撒施后再进行第二次翻耕。翻耕的同时将土块打碎。芍药一般选用畦植，畦分为平畦和高畦两种，畦宽1.1～1.2米，畦与畦间留30～40厘米养护管理通道。平畦畦埂高15～20厘米，宽30厘米左右。高畦畦高应依据当地降雨量及地下水位高低而定，习惯上为17～30厘米。

17. 药用芍药如何栽植？

答：药用芍药生产通常选用分株，又称分根及芽头、芍头或芦头繁殖。

(1) 芽头准备：

芽头是指芍药根先端的更新芽，药农称它为芍头或芍芽。在秋季收获芍药时，将芽头切下做种苗材料，芍药根则加工制成白芍。切下的芽头按大小、强弱、芽的多少以2～4个芽自然能切离处切离，每簇应留2～3个健壮芽。每个芽头厚度在2厘米左右，过薄养分不足，生长不良；过厚分枝多，主根弱。切后直接栽植，如不能栽植就应贮藏。

(2) 两种贮藏方法：

其一在室内堆藏。贮藏室应通风、阴凉、干燥。在室内地面上铺一层细沙土或壤土，厚度8～10厘米，然后将芽头铺在其上。放置时芽头朝上依次排放，排放厚度15～20厘米，上面覆盖细沙土或普通园土10～12厘米，喷一次水保持湿润。15～20天检查1次，如土壤漏入芍头中，芽头露出土壤外过长时要及时补充覆盖，并注意有无霉烂发生，如有发生应及时处理。其二为坑藏。选地势高燥场地挖掘一个长方坑，长宽依据贮存量而定，习惯上宽60～120厘米，长按地或情况而定，一般不超过4米，深20厘米，坑底清理平整后铺8～10厘米细沙土，然后直立铺一层芽头，上面覆土8～10厘米，芽头可稍露出土面以便检查。

(3) 带细根分根法：

在采收芍药时，将粗大的芍药根由芍头着生处切下供作药用，留下较细的根，按其芽和根自然生长可分切部位，将其带根分切，每株有芽1～2个，根1～2条，根的长度应不短于18厘米。

(4) 栽植：

由8月上旬至10月中下旬栽植。栽植前先将芽头按大小、长短、壮弱分级，并分别栽植。这样有利于出苗整齐，便于管理。栽植时按穴栽植。行距50～60厘米，株距40～45厘米，栽植穴直径20～30厘米，深15～20厘米，每穴植芍头1～2个。穴挖掘好后，可先挖松穴底土壤，施入腐熟肥料与底土翻拌均匀，厚度5～7厘米。然后栽植，一手握芽头一手用苗铲填土，边扶正边压实，覆土高于芽头，呈馒头状以利越冬。通常每亩用芍头100～150千克。1亩芍药根的芽头可供2～5亩使用。

18. 药用芍药怎样田间养护管理？

答：芍药栽植后需栽培养护2～4年才能收获，因此每年均需认真管理。

(1) 除封和封土：

栽植后第二年3月上中旬，芍药新芽开始萌动，并先后出土，因此要提前除去封土，这一工序称为除封或放封，通常在幼苗出土前4～5天进行，此工序必须细心，以防人为机械损坏幼芽。到秋季地上部分枯萎后，应及时剪除枝干，清除落地枯叶集中烧毁，以防有害菌类在植株残体上越冬，结合封土施肥同时进行，此时将四周细土加入腐叶土堆成小土堆，防风防寒，俗称封土。

(2) 中耕除草：

每年春季第一次除草时，由于芽刚刚出土，宜浅中耕，以后肥后、雨后、土表板结时中耕。4～7月生长季节，每月最少中耕结合除草进行1次，7月中旬至8月中旬为雨季，通常只除草，停止中耕。杂草在温度适宜、土壤湿润环境中，随时都可能发生，应随时薅除。

(3) 追肥：

除栽时施用基肥外，当年追肥1次，以后每年追肥3～4次，沙壤土每年4～6次。第一次追肥多在3月中旬，第二次在4月上旬，选用埋施，亩用量1500～2000千克，应用颗粒粪肥、腐熟饼肥1000千克左右，并加入过磷酸钙25～40千克，矿质土、沙壤土适当增加。

(4) 浇水：

芍药性喜干旱，抗旱能力强，一般情况不需过多浇水，按时中耕培土或盖草帘即可避免高温干旱的危害。土表不是过干不浇水。芍药怕湿，更怕积水，夏季多雨天气应及时排水。

(5) 剥蕾：

又称摘蕾，俗称掐膏朵。药用芍药应及时剥蕾，以利根的生长。通常于4月中旬花蕾出现时，选晴好天气将花蕾全部摘除，作为育种的植株只留主蕾，小花蕾全部剥除，以保证种子籽粒饱满。

19. 皮毛加工厂存有大量下脚料，以牛皮、羊皮、兔皮为多，能否用作基肥或追肥？

答：皮毛肥是良好肥料，肥力强、肥效长，用于基肥时可埋于穴底或穴旁，用于追肥选用埋施，用量参照禽类粪肥。皮毛肥在发酵腐熟期间有异味，采用埋施问题不大，通常不选用浇施，如选用浇施，于施用前在肥液中加一定量的EM菌液可减轻或避免异味。

20. 晒谷场边堆有多年积累的谷壳、麦糠、碎禾秆、稻草、烂树叶等，夏季有浓烈的发酵味，能否加入腐熟肥料后直接给芍药栽植地施肥？

答：谷皮、麦糠、碎禾秆、烂树叶本身就是沤制腐叶土的良好材料，可用作垫圈沤制厩肥，也可与人粪尿、化粪池粪水、禽类粪肥、饼肥等沤制腐叶土或堆肥，也可独力施用。可用作追肥，也可作基肥。施用量的多少应依据加入肥料的多少而定，通常按腐熟禽类粪肥施用。

21. 我们这里给菜园、果园浇水，养贝、淘米、洗菜全部用塘水，饮用水的压水机也离水塘不过十几米。水塘中还常有水牛洗浴，塘中还有大量鱼类及水草。但水非常混浊，抽水泵抽出水中有大量浮萍等水草，浇在地里，土表一层绿色。用这种水浇芍药是否对芍药有危害？

答：从介绍内容分析，塘水没有被化学物质污染或污染不严重，用这种水浇灌露地栽培的芍药应该没有大问题。至于带上来那些水草，虽然看上去很厚一层，但水草通常含水量高达90%以上，加之不耐干旱、不耐强晒，一旦被带上来离开水体，铺在地面上很快就失去水分变成绿枯，由于体内失水快大多变得焦脆，容易粉碎，腐熟腐烂过程中，由于量小产生的危害气体也不会太多，所以应用这种水对芍药不会产生伤害。一些水草干枯腐烂后还有改良土壤结构的益处。

22. 公园中的小湖已经多年未清理过，杂草非常多，小游船常搁浅，秋季清理出很多淤泥，淤泥是黑色的，含有大量贝壳、螺壳、水草等，可不可以运回去作芍药的基肥或追肥？

答：公园小湖清挖出来的黑色淤泥，因长时间在水下，接触空气少，所含一些矿物质不易分解释放，加之有大量水生植物、水生动物残体，为含有机制及肥分较多的载体。可将其运回摊开充分晾晒，并将所含碎砖瓦、石砾清除出去。大块粉碎后直接用于沙土地、沙壤土地或加适量腐叶土类施用，施用量可按厩肥施用量，肥力柔和，很少产生肥害。但高密度土壤中尽可能不施河泥，如果施用必须加腐叶土或其它粪肥，有利于改良土壤结构。

23. 花圃临近小街，街上有多家小饭店。饭店原来泔水供养猪户作饲料喂猪，后来发现剩饭菜中含有不少牙签，猪不能消化造成病亡，就没人要了。后来就堆积在一个坑内，由于长时间集存，附近散发异味。朋友建议用来沤制肥料是否可行？

答：剩饭菜只要含盐量不多，为沤制肥料的良好原料。可将其挖掘运回与落叶、禾秆等一起按堆肥的方法堆沤，经几次翻拌倒垛充分腐熟后，即可用作基肥或追肥。应用量按腐熟饼肥施入。这种肥料肥分全面，肥效长，但腐熟发酵中有异味，最好用于埋施。

24. 老城区庭院中怎样栽培芍药花？

答：(1) 平整翻耕栽培用地：

老城区住宅庭院，多为几百年来建筑物反复拆建的场地，地下多埋有房屋基础、砖瓦石砾等建筑垃圾，几乎没有好的栽培土。故于栽植前先平整栽培场地，将场地内杂物清理出场外并做妥善处理。将地面做成0.3%～0.5%坡度，然后进行翻耕，翻耕深度不小于35厘米，如果35厘米以下仍为建筑基础或垃圾，应加深翻耕至50厘米，通常应全部过筛，如果含杂物过多，应更换新土（客土），选用普通园土，有条件也可更换成人工配制的栽培土(普通园土40%、细沙土30%、腐叶土30%，另加腐熟厩肥8%～10%，应用腐熟饼肥、颗粒粪肥、腐熟禽类粪肥时为5%左右，如果无处找到细沙土，可将腐熟厩肥增至12%～15%）。回填土随填随分层压实，最后浇透水，并将因踏压不实而塌陷的部分填平，待土表见干时栽植。

(2) 叠畦：

依据栽植场地大小情况分成若干畦。为便于养护管理，畦宽以1.2米左右为好，最宽不宽于1.6米，畦长可依据实际情况而定，畦埂高15～20厘米，顶部宽28～30厘米，以一人脚平稳踏上不妨碍苗的生长为准。畦内再次翻耕，耙平压实。

(3) 栽植：

7～9月按30～40厘米 × 50～60厘米株行距，穴深30～35厘米挖穴。穴底平整后放一层腐熟肥料，厚度5～6厘米，刮平压实后再填一层土，而后一手握芍药芽头放在穴内，一手握苗铲填土，边填土边扶正边压实。填土至芍药芽头颈处留下芽头部分不埋，于上冻前配越冬防护土覆盖，防护土壤用细沙土或沙壤土50%，腐叶土50%，拌均匀充分晾晒后备用。如应用素腐土与细沙土或沙壤土，应加入腐熟厩肥5%～8%或腐熟饼肥、腐熟禽类粪肥、颗粒粪肥3%左右。临近上冻时，将其运至栽植地覆盖芽头，覆盖时将地上枝条剪除，潜伏芽全部埋上，堆成小馒头状土堆，也称壅土保护、封土保护。

(4) 浇水：

栽植完成后2～3日浇水，如土壤较湿可不浇水。封土后浇水1次。翌春浇返青水1次。生长期间不过干不浇水。雨季及时排水。

(5) 中耕除草：

栽植浇水渗下后，即进行第一次浅中耕松土。生长期间追肥后、雨后发现土表板结时即中耕松土。杂草在温度、湿度适宜时即会大量发生，在中耕时一并薅除外，应随时发生随时薅除。

(6) 追肥：

土壤中肥分随植株生长消耗会随之减少，故需按时追肥。春季将封土扒开，松散地撒于栽植地内，同时用围施、井字施等方法追肥，埋施追肥沟宽10～15厘米，深10～15厘米，撒入厩肥厚度8～10厘米，如应用腐熟饼肥、颗粒粪肥、腐熟禽类粪肥时，厚度为2厘米左右。施入后即原土回填，耙平压实，如施用液肥，肥后中耕松土。

25. 药用芍药地收获后，将芽头重新栽植，为什么叶片变薄变卷、不舒展？

答：芍药叶片变薄、卷曲不平原因很多，诸如重茬、基肥不足或过多、土壤过湿、过干等。但由问题来看应该是重茬。芍药忌重茬连作，通常要隔3～5年才能在原地栽植。

26. 春季正是牡丹开花的时候，在农贸市场花商处选购了几盆已经要开花的芍药，有粉红色花的，也有白花的，开完花后放在室外背风向阳的窗前，用草帘覆盖，进入6月份后长势减弱，7月下旬全部枯死，检查发现多数主根腐烂，是什么原因？

答：芍药为直根系宿根花卉，通常露地栽培观赏，很少用容器栽培，容器栽培多数在秋季上盆，冬季或早春作促成栽培使其提前开花。花农有“芍药开花牡丹放”的谚语，说的是当芍药开花时牡丹已经怒放，按正常花期，牡丹在前，芍药在后。由此可见这几盆芍药是促成提前开花的。促成栽培多数是在秋季上盆，早春加温而开花的。促成栽培的本身是在休眠不足的情况下促使其生长的，在休眠期体内储存营养不足的条件下开花的，春季开花后气温骤然上升，体内养分不足，冬季根系又不健全，而消耗较多，又不是新根发生季节，故而不是日渐茁壮，而是日渐衰弱。此时遇雨或浇水过多，土壤中含空气量减少，造成烂根，随之地上部分倒伏干枯。这种促成苗，应于早春脱盆返回畦栽才能复壮。容器栽培很难恢复。

27. 前年秋季在院中栽植的芍药，今年春季开花很好，7月份以后叶片边缘出现干枯，地表枝干基部有潜伏芽，但很小很弱，应如何挽救？

答：芍药生长到7月份，地上部分已经进入老年期，叶片变厚变脆，边缘出现干枯应属正常现象。基部产生的新芽瘦弱，因其生长不久也应属正常，但此时应适当追肥，使叶片变得更厚、更脆，有利于幼芽的生长发育。

28. 家庭庭院条件，将淘米水、洗菜水、洗碗水、剩茶水、米汤、面汤收集在一起，用作浇灌芍药等宿根花卉是否可行？

答：庭院露地栽培的芍药与其它宿根花卉，要按习性浇水养护。淘米水、洗菜水、剩茶水、洗碗水等均可收集应用，但其中有烂菜叶、剩茶叶等应取出，堆沤腐熟后作腐叶土。米汤、面汤应集中发酵，充分腐熟后再当作肥水浇灌，如果直接浇灌、每日浇灌，不但不卫生，地表还会板结，影响土壤通透，均对生长不利。芍药耐旱，不宜多浇。

29. 早春农贸市场有不少小商贩摆地摊卖芍药芽头，而且说有不少品种，都是大花重瓣的，可信吗？能否选购？

答：前边介绍过“春分分芍药，到老不开花”。春季选购栽植芍药芽头，成活率很低，即便成活也不会良好生长，最好到秋季在有信誉的花圃、苗圃或药圃引进。至于大花重瓣的更不可信，春季在农贸市场叫卖的芽头，绝大多数是用作中草药的药芍。

30. 能否简略综述一下芍药的生长习性？

答：芍药耐寒，在－20℃气温下能露地越冬。也耐干热，怕潮湿。喜疏松肥沃沙质土。忌连作。每年2～3月露芽出苗，出苗快而整齐，4月上旬现蕾，4月下旬至5月上旬为开花期，开花时间比较集中，约1个星期左右。秋冬之际发生新根，5～6月根的生长最快，7月下旬至8月上旬种子成熟。8月高温季节停止生长。10月初地上部分开始枯干。

31. 新建工厂绿地中规划有芍药园，预计在春季3～4月可能做绿化工程，此时的芍药芽头应怎样处理才能在春季栽植？

答：前边介绍得很多了，芍药须在秋季栽植。若春季施工，应在前一年秋冬之际，选用口径14～16厘米营养钵或口径18～22厘米高筒瓦盆栽植，栽植用土为普通园土40%、细沙土40%、腐叶土20%，另加腐熟厩肥6%～8%，应用腐熟禽类粪肥、腐熟饼肥或颗粒粪肥时为4%～5%，搅拌均匀后充分晾晒至干。上盆时先垫好底孔，填一层腐叶土过筛后的粗料或建筑用陶粒或木屑等，厚3～5厘米，其上再填栽培土耙平压实。栽植后将其带盆直立置于备好的阳畦中。越冬阳畦应选背风向阳场地，平整后掘畦床，深25～30厘米，宽1.2～1.6米，长不超过7米，以一张蒲席大小多出四边为准。畦壁用平锨拍实。摆放宜整齐。摆放好后2～3日浇一次透水，以后土表不过干不浇。随时薅除杂草。临近上冻前，覆盖草帘或覆土防风防寒。冬季不过干不浇水。

翌春除去覆盖物露出芽头，化冻后浇1次返青水，新芽萌动后追1次肥水，以后每10～15天追肥一次。如遇雨天应防雨水淋灌。

绿地平整翻耕好后，将盆栽芍药运至栽植场地，按40～50厘米×50～60厘米株行距栽植。栽植时先定点放线，按放线位置掘栽植穴，栽植穴直径不小于25厘米，深30～35厘米，穴壁与穴底或与地表呈90°直角，万不可掘挖成截锥型。穴底填一层5厘米左右厚的腐熟肥，耙平压实后填一层栽培土，将苗脱钵或脱盆后带完整土球置入穴中，四周填土，随扶正随填土随压实，并要保护土球不散。栽植完成后过2～3天浇透水，如土壤潮湿，可过4～5天再浇水。

32. 什么叫高畦栽培？

答：高畦指在自然地面向上壅土使栽植地升高，畦两侧为排水沟，也是灌溉用的浇水沟。高畦多用于夏季雨水集中，地下水浅，或者常年较潮湿、排水不良地区。通常畦面高出自然地面17～30厘米，不叠畦埂。由于芍药不耐水湿，选用高畦栽培较多。

33. 单位绿地下为地下车库，土层厚0.7～1.2米，目前为草地点缀月季、绣线菊等小花灌木。能否栽植一些芍药以增添厂庆热烈气氛？

答：在光照、通风良好，排水通畅，较干旱地区，70厘米厚的土层养护管理应该没问题。但因地下为悬空空间，又加上人的活动，汽车的震动，这些土层肯定有微弱的颤动，颤动使土壤颗粒间不稳定，出现小的裂纹，裂纹使根系拉断而影响生长，长时间土壤活动导致生长发育不良，不能正常开花，是不可避免的缺点。

34. 单位绿地中有一个长40多米、宽近20米、高2～3米的土岗，为建楼时的余土，一时无法移走，在这个小土坡上能否栽植芍药？

答：按芍药的生态习性，考虑在小土坡上栽植芍药，只要便于养护管理，应该生长发育良好。南坡最好，东西坡次之，唯有北坡长势较差。小土坡栽植无法全面翻耕栽植用地，只能按垄或独穴栽植。垄栽时，按坡的纵向翻耕叠垄，垄的长度按山势而定，宽度25～35厘米，翻耕深度不少于30厘米。独立穴直径不小于30厘米，深不小于30厘米。如果土壤是壤土类，可加肥后直接栽植，特别是沙壤土或加沙黄土则更好。土壤中含杂物多时应过筛，并将筛出的杂物运出垄外，或堆入垄背。土壤中加入腐熟厩肥及沟底施入底肥即可栽植，土壤中加肥按土壤容重的8%～10%，应用腐熟禽类粪肥、腐熟饼肥、颗粒粪肥按4%～5%施入，肥分需经充分晾晒。沟底应用腐熟厩肥时厚度5～10厘米，应用腐熟禽类粪肥、腐熟饼肥、颗粒粪肥时，薄薄一层约2厘米左右。如果土壤为贫瘠沙土时，掺入腐熟厩肥为10%～15%，应用腐熟禽类粪肥、腐熟饼肥、颗粒粪肥为6%～8%，底肥不变。土壤为高密度土时，除按贫瘠土加肥外，另加腐叶土20%左右，掺拌均匀后栽植。栽植的芽头应保持3～4个，单芽植株最好组合栽植。栽植的同时将垄埯压实，并保持芽头直立状态，栽植后土壤不过干不浇水，待1～2天后浇水。春夏间正直杂草萌芽季节，应及时中耕薅除。6～7月每月追肥1次，并控制浇水，保持不干不浇水。9～10月追肥1次。栽植第一年上冻前将芽头封土保护，翌春扒开封土浇一次返青水，将封土撒铺于栽培场地。

35. 庭院栽培的芍药出现花蕾后不见增大，最后干枯，是什么原因？怎样才能正常开花？

答：芍药的花芽为混合芽，早期叶芽与花芽是分不开的，随生长在成花素的集聚作用下分离出花芽。花芽形成后需要良好光照、温度、水分及养分，在它们的共同作用下花芽才能正常生长发育，缺一不可，其中最重要的应当是光照及养分供应，光照不足、土壤中肥料不足、光合作用减弱、体内各种营养供不应求，形成的花蕾被淘汰，产生干枯，不能正常开花。这样的植株如不能及时改善光照条件，按时追施肥料，将很难越夏。因根系衰弱，追肥应由稀薄开始，逐步加浓，追肥宜均匀不能暴上暴施，以防受浓肥伤害。越冬时应加覆盖保护。

36. 广庆在5月中旬，当天要求在硬地面铺装的广场上摆放芍药花坛，大厅、办公楼需要点缀的地方均要摆放芍药，应怎样栽培？

答：5月中旬正值芍药正常花期，开花是没问题的。芍药为直根系宿根花卉，通常只作畦坛栽植或供应切花，不作容器栽培。即使容器栽培，也需畦坛栽培成型植株后，作促成或临时性观赏，花谢后仍需回栽于畦坛中复壮。具体栽培方法为：

(1) 准备栽培土壤：

促成栽培及春季容器栽培用的栽培土壤最常见的为普通园土50%、细沙土30%、腐叶土或腐殖土20%，另外加腐熟厩肥8%～10%，应用颗粒粪肥、腐熟饼肥、腐熟禽类粪肥等5%～6%，应用沙壤园土时沙壤土70%、腐叶土30%，另加腐熟有机肥，经充分晾晒或高温消毒灭菌、充分翻拌均匀后应用。

(2) 容器选择：

选用22～30厘米高筒三底孔瓦盆。应用旧花盆应刷洗洁净，保持盆壁气孔畅通。为陈设花坛的美观及便于养护，一般不选用塑料营养钵，但可选用木桶栽培。

(3) 芽头选择：

选无病虫害，生长健壮，主根无大损伤，芽头圆整无缺损，生长周正，每簇或称每墩、每丛、每塘等有健壮芽3～4个的芽头作栽植材料。

(4) 栽植季节：

8月下旬至10月上旬，暖地可延长至11月上旬。

(5) 掘苗：

从畦地掘苗前先浇一次透水，待水分全部渗下、土表见干时，由选定的苗一侧距苗15～20厘米处掘挖，并清理土壤使根系露出土外，然后掘挖对面土壤，取出肥大主根，主根比较脆嫩，应轻拿轻放，如果主根含水量过多，可晒1～2天再栽入容器中，如果数量不多，注意不要碰伤，可随掘苗随栽植。

(6) 上盆栽植：

将盆底孔用塑料纱网或碎瓷片垫好，填装建筑用陶粒一层约2～3厘米厚，耙平后填一层栽培土壤，厚度以不见陶粒为度，在这层栽培土上沿盆壁撒一圈腐熟厩肥，厚度3～4厘米，应用腐熟禽类粪肥、毛皮肥、腐熟饼肥、颗粒粪肥时厚度2～3厘米，随后用栽培土埋严，并继续填装土壤，填至盆高的1/2左右，将芽头置于容器中，一手扶芽头，一手用苗铲填土，并随填土随压实，随扶正随耙平，直至留水口处，水口土面至盆上沿2～2.5厘米。填好后两手握盆沿在土地上上下蹾实。

(7) 掘制阳畦或平畦，搭建小弓字棚越冬：

掘制阳畦：选背风向阳、排水良好场地，平整后定点放线掘畦床，阳畦的大小通常宽度为1.2～1.6米，深畦底至叠高后的畦埂面40～45厘米。如选用特别栽培容器，应深于容器全高。长习惯上6～8米。畦床的土掘出，叠拍于四周畦壁上拍实铲平，畦床底与壁呈90°角，上下一致。叠好畦埂后，四周清理整齐洁净，将盆摆放于阳畦中，上冻前覆盖越冬。

小弓子棚越冬：平整畦地后，将上好苗的盆整齐排列摆放在畦地，然后搭建小弓字棚，临近上冻时盖塑料薄膜越冬。

除上述两种越冬方法外，也可壅土越冬，即将栽植好的盆平放或分层堆放在一起，然后用原土覆盖即可安全越冬。

(8) 浇水：

栽植摆放整齐后，1～2天浇透水1次，以后保持偏干，不干不浇。遇雨及时排水。覆盖或封土前浇一次水。翌春除去覆盖物浇返青水。

(9) 追肥：

为保持容器中土壤肥力，如果上盆早，入冬前应追肥1次，如果上盆较晚，于翌春追肥1次，以后每10～15天追液肥1次。选用埋施可15～20天1次，至花蕾透色。

(10) 中耕除草：

草籽在温度适宜、土壤含水量充足环境中很快会发芽生根出土，既夺取土壤中养分，又遮挡光照，影响土温上升，还觉得杂乱不整齐。故盆内发生杂草后应及时薅除，随发生随薅除。雨后、肥后、土表板结时中耕松土，使土表保持通透。中耕后如有条件，可撒一层马粪或腐叶，既保持土表通透，又能减少土壤水分流失。

(11) 回栽：

花开完后，及时整理叠畦，施足基肥，将苗脱盆回栽于畦地，改为露地栽培。

37. 仓库中大量米面及杂粮因水灾被淹没，无法再食用，能否经发酵后作肥料？

答：发霉的米面等粮食以及其它食品，只要不带过量盐分，均可作垫圈材料或直接发酵沤制，或加入落叶等成为肥料。这种肥料肥力猛、肥效长，应按腐熟饼肥施用量施用。

38. 因长时间阴天村边鱼塘中好多鱼死亡，能否将死鱼运回沤制液肥？

答：鱼头、虾糠为完全肥，含有花卉生长发育所有营养元素，只要不含大量盐分，均为沤制肥料的良好材料。整鱼更没问题，既可沤制液肥，也可作堆肥、沤制有肥腐叶土材料。露地畦栽苗，可将其稍加破碎后直接施入土壤中，埋施时要距植株15厘米以外，覆土深度10～15厘米，过浅易招引蚊蝇，过深易造成流失。如果鱼类是因病而死，则在鱼塘附近不能施用。

39. 小芍药圃围墙外有一条不大的小水沟，是由鸡鸭养殖厂流出来的，水有时混浊有时清澈，想就近用这些水浇灌芍药，会不会出问题？

答：禽类养殖场清洗粪便的水往往通过场内的过滤池（沉淀池、化粪池）将禽类粪便过滤沉淀后，其中的水通过下水沟流出场外，一般不会有化学物质污染，既然没有任何污染，可放心大胆应用。这种水还含一定量的肥分，应该不会有问题。

40. 芍药鲜花切取后如何贮藏？

答：芍药作切花多在花蕾透色后切取，并用烙铁或石蜡将基部切口处烫封，如有条件可用营养液封切口，浸于水中置冷库中，室温保持5℃左右，并须经常检查，每天换水。20～30天后取出，置常温下作插花，仍能良好开放。

五、病虫害防治篇

1. 发现芍药灰霉病如何防治?

答：灰霉病又称花腐病，危害芍药叶、茎、花。叶片感染病菌后，先由下部叶的叶尖和叶缘开始出现黄褐色小斑，而后扩大呈近圆形，病斑处有不规则轮纹。在潮湿条件下病斑处长出灰色霉状物。茎上发病时病斑褐色菱形，软腐后茎干折断。花瓣上发病时变褐色而后腐烂。

防治方法：

(1) 秋冬之际，清理病株深埋或集中烧毁。

(2) 实行轮作，合理密植，及时薅除杂草，保持通风透光。

(3) 发病初期喷洒50%多菌灵可湿性粉剂800～1000倍液，或50%甲基托布津可湿性粉剂1000倍液，或70%百菌清可湿性粉剂800～1000倍液，或1∶1∶100波尔多液，每7～10天1次，连续3～4次有抑制或预防发病效果。

2. 芍药有叶斑病发生如何防治?

答：叶斑病又称轮纹病，主要危害芍药叶片。发病时叶面病斑为灰褐色，近圆形，以后扩展为同心轮纹状病斑，上生有黑色霉状物。

防治方法：

(1) 增施磷钾肥，浇施与喷施使其增强抗病能力。

(2) 发病初期喷洒50%多菌灵可湿性粉剂800～1000倍液，或50%甲基托布津可湿性粉剂800～1000倍液，每7～10天1次，连续喷洒3～4次，有抑制及预防作用。

3. 发现芍药锈病如何防治？

答：锈病又叫刺锈病，主要危害芍药叶片。初发病时，叶片背面出现小黄斑，而后变为黄褐色颗粒状物。后期叶面出现圆形、椭圆形或不规则的灰褐色病斑，叶背面出现暗褐色毛刺状物。

防治方法：

(1) 栽植地远离松柏科植物。

(2) 发病初期喷洒25%粉锈宁可湿性粉剂或25%乳油500～800倍液，或65%代森锌可湿性粉剂500～800倍液，每7～10天1次，连续3～4次有抑制和预防效果。

4. 芍药发生软腐病如何防治？

答：软腐病病菌由种芽切口侵入根部。发病初期根部出现水渍状褐色病斑，后变为黑褐色，使根部变软。病部生有灰白色绒毛，严重时干缩硬化，全株停止生长后死亡。

防治方法：

(1) 贮藏时用的沙土，须经充分晾晒或高温消毒灭菌。或用0.03%新洁尔灭消毒后应用。

(2) 芽头用0.03%新洁尔灭消毒灭菌。

(3) 贮藏时水分及沙土含水量不宜过大，以手握成团松开即散为度。

5. 发现有蛴螬危害如何防治？

答：蛴螬为金龟子幼虫，种类很多，食性很杂，主要危害根部。

防治方法：

(1) 栽植前每亩用1～1.5千克氯丹粉混拌细干土20～30千克，均匀撒于土表，然后将其翻入土壤中杀除幼虫。

(2) 灌水后人工捕杀。

(3) 浇灌50%辛硫磷乳油1000～1500倍液杀除。

(4) 喷洒50%辛硫磷乳油1000～1200倍液杀灭成虫。

6. 发现蚜虫危害如何防治？

答：蚜虫集群危害芍药嫩叶、嫩茎、花蕾，使叶片卷曲，皱缩变小，嫩茎弯曲变形，严重时停止生长。

防治方法：

喷洒50%氧化乐果乳油1200～1500倍液，或20%杀灭菌酯乳油5000～6000倍液，或35%甲基硫环磷乳油1000～1500倍液杀除。

7. 有地老虎危害如何防治？

答：地老虎危害芍药嫩芽、嫩苗，将嫩茎咬断造成缺苗。

防治方法：

(1) 用5%氯丹粉剂0.5千克掺细干土2.5～3千克，撒于行间，然后浅耕杀除。

(2) 用糖醋毒液诱杀成虫：于春季成虫羽化盛期用糖6份、醋3份、白酒1份配成糖醋毒液，用容器装好置田间诱杀。

(3) 用鲜嫩多汁的杂草或菜叶70份与2.5%敌百虫粉剂1份配成毒饵，于傍晚撒于地面诱杀3龄以上幼虫。

8. 发现芍药生有洋刺子危害如何防治？

答：危害芍药叶片的洋刺子多为扁刺蛾幼虫，造成叶片缺刻或穿孔。

防治方法：

(1) 用黑光灯诱杀成虫。

(2) 喷洒40%氧化乐果乳油1200～1500倍液，或50%辛硫磷乳油1200～1500倍液，或2.5%溴氰菊酯乳油6000～8000倍液杀除。

六、应用、杂谈篇

芍药的用途很广，可用于园林绿化布置，作切花，容器栽培点缀环境。其根为常见中草药。

1. 园林绿地如何应用芍药？

答：芍药可以绿化美化荒坡，在石隙、假山、阶前、窗下、绿地中或片植或团栽，在道路两旁列植或成簇列植、3～5丛团植、门前对植、闲角空边孤植，或散点于草地、道旁、疏林下、林缘。

芍药花素与牡丹相并称，有“牡丹为王芍药为相”之说。芍药在我国有近三千年栽培史，品种极多，早在《诗经·郑风》中就有“维士与女，伊其相谑，赠之以芍药”是将芍药作为礼物送给将要离别的情人，因此又有“将离”之名称。古人说“芍药著于三代之际，风雅所流咏也。今人贵牡丹而贱芍药，不知牡丹初无名，以芍药而得名”，所谓三代指的是夏、商、周，由此可见芍药是我国古老的传统名花之一，芍药的盛名当在牡丹之前，牡丹当年还被称为“木芍药”。

芍药花期在春末夏初，“牡丹落尽正凄凉，红芍开时醉一场”“春深霸群芳，窈窕有温香”这正表明芍药花开之时乃众芳间歇之时，那牡丹花残、桃花飞落之期，正是芍药怒放之时。尤为使人注目的是芍药花、色、香兼备，形神俱佳。闲步于芍药丛中，清香扑鼻，举目四望，万紫千红的花朵迎风微动，好像在对你招唤。有的含苞欲开，有的初吐笑靥，有的张瓣怒放。红的似成片玫瑰，粉的像锦罗绸缎，白的皓亮如雪。端庄而不失活泼，硕大而不失秀丽。远看碧海荡芙蓉，近观纱灯笼，招得蜂飞蝶舞，引来画工写丹青。列植粉彩成带，孤植万绿丛中一点红。真不愧为浩态狂香昔未逢，红灯烁烁绿盘龙。觉来独对情惊恐，身在仙客第几重？

2. 怎样在小庭院中应用芍药？

答：有石山的庭院应栽植于石旁或庭院中较高的地方，或栽植于门前两侧，或窗前，院中空闲等地。要排水良好，不妨碍日常生活活动场地。

3. 怎样布置芍药专类花坛及参加专类花展？

答：专类花坛指露地栽培植株，这类花坛在栽植时已经规划好其形状及栽植品种，按规划要求栽植即能有很好的观赏效果。总体形状多选用圆形、椭圆形、半圆形、正方形、长方形、平行四边形、菱形等。栽植品种不宜过多，通常不超过4～6个。高株型种在中央或背后，矮株型在外边或前边，使其互不遮掩。不求每株花的好坏，只求整体效果，但质量也不能过次。如果布置场地为硬地面，也可选用容器栽培苗，带盆摆设。

专类花展多为展示品种特征，参加的展品必须开放出品种的特有姿色，属单株观赏类型，实际是栽培技艺的评比，但在布展时也应有一定的艺术性，既观赏单株，又参观群体。

4. 芍药作切花有哪些用途？

答：可用于瓶插，特别是传统装饰，宜选用古朴的花瓶。瓶插的配花以传统花卉为主，切勿追洋造成不中不西。可做花束送给将要离别的红颜知己。组合花篮庄重大方，或做大型插花。

5. 芍药哪一部分入药?

答：芍药在中草药中用的是根，分为白芍及赤药。

白芍性微寒，味酸苦，能止痛，主治：

(1) 腹肌痉挛疼痛、小腿抽筋等症，常用白芍5钱、生甘草3钱水煎服。

(2) 慢性肠炎、腹痛、泻肚，用白芍、白术、防风各3钱水煎服，有良好疗效。

赤芍性微寒，味酸苦，能止痛凉血，主治：

(1) 肋间神经痛，赤白带下，腹痛。常用赤芍2两、香附2两共研为末，日服2钱开水送服，每天2次。

(2) 慢性肠炎、腹痛、大便带黏液，用赤芍、萝卜缨各3钱，枳壳、桔梗各2钱水煎服。

注意：白芍、赤芍不可与藜芦同用。肝功能不佳者，不宜大剂量及长期服用。

6. 芍药作为中草药怎样收获?

答：芍药栽植后3～4年即可收获。收获期因不同地区时间也不同，由6月下旬至9月间陆续收获。过早会影响产量及质量，过晚新根发生也会影响产量及质量。收获时选晴好天气，割去地上部分，将根挖出，粗根由芍头着生处切下，去掉侧根，刮平凸面，切去头尾，按大、中、小分为3类，分别堆放在室内2～3天，每天翻动2～3次，促使水分蒸发，质地变软后待用。

7. 芍药作为中草药材，怎样加工后才能炮制?

答：芍药作为中草药，收获后加工分为3个步骤，即擦白、水煮、晒干等。选近期内无雨的时候加工。

(1) 擦白：

又称搓白，就是除去芍药根外皮，先将芍药根装入竹或金属丝编制的箩筐中，浸泡于水塘或流水小河或正在浇水的垄沟或专用浸泡洗涤池中，

2～3小时后洗净捞出，放置在加工芍药特制的木床上，一般情况木床高60厘米，宽80～100厘米，长120～160厘米，在木床两端各站两人，每人手握一个木槌，相互交叉来回搓动，搓时加入一定量沙土以增加摩擦力，每次推搓20～30分钟，待皮擦去后，用清水洗去泥沙，使其表面洁白，浸入清水或流动水中等待下一个工序。另外也可用竹片、骨片等将外皮刮除，浸于水中等待下一个工序。刮除外皮的方法多用于数量不多的情况。

(2) 水煮：

煮芍为加工中最重要的一个环节。煮前先将锅中水烧至80℃，将芍药根由清水中捞出后倒入锅中，每次煮的重量依据锅的大小而有区别，一般情况下1次10～25千克，水的多少以浸没芍根不露水面为度。煮时宜不断翻动，保持锅水微沸，水过热时及时加入冷水。煮的时间一般小的5～10分钟，中等的10～15分钟，大的15～20分钟，煮至无生心为佳。

是否煮透可采取以下方法查验：① 用口吹气见芍药根上水气迅速干燥，表明熟过心，即可捞出。② 用竹针试刺，如顺畅地容易穿透即为熟透，如针刺费力或刚刺时顺畅随之变成费力，则未煮透应继续再煮。③ 用刀削切头部一段，见切面色泽一致无生心，表明煮熟煮透，应迅速取出晾干。④ 在切面上用碘酒擦拭，切面蓝色即退，表明芍根已煮好。如有条件几种方法结合使用效果会更好。

(3) 晒干：

把煮好的芍药根迅速运至晾晒场地，薄薄摊开暴晒1～2小时，要不断翻动，使表皮干湿一致，以后逐步将其堆厚暴晒，使表皮慢慢变干。晾晒4～5天后，停止暴晒，堆于室内堆放回潮2～3天，然后再晒至全干。

8. 芍药根作为中草药怎样炮制?

答：炮制方法有清炒白芍，酒炒白芍及清炒赤芍等。将晒干的芍根用清水浸泡变软后，切片后炮制。

(1) 清炒方法：

将切好的芍药根片放入锅中，以文火煨炒至微黄取出，晒干即为成品。

(2) 酒炒方法：

将洗净的芍药根片加黄酒拌均匀，堆在一起稍闷，每100千克芍药根加10千克黄酒，待酒被吸尽后，置锅内文火煨至微黄色取出晾干。

9. 芍药栽培由哪个年代开始？什么地方栽培最多？

答：据陈俊愉老先生等在《中国花经》介绍，我国芍药栽培已有近三千年历史。公元前春秋战国时我国第一部诗歌总集《诗经》中就载有“维士与女，伊其相谑，赠之以芍药”的诗句。

芍药栽培，在古代以扬州最盛。《析津日记》说：“芍药之盛，旧数扬州”，宋代有“洛阳牡丹，广陵芍药”（广陵今为扬州）并美一世之说。宋代诗人苏东坡说，“扬州芍药为天下冠”所以芍药又叫扬花。当时芍药已风靡一时，仅朱氏园南北两园就栽培五六万株。禅智寺有很大的芍药园，还设有芍药厅，聚一州绝品为一厅，所谓扬州芍药。据刘攽说：“自广陵南至姑苏，北入射阳，东至通州海上，西至滁和州，数百里间，人人厌观矣”。在苏南苏北、皖南皖北广大地区，均有芍药的广泛栽培。

北京早在明代就从扬州引种栽培，以丰台地区为最盛。据《析津日记》记载：“北京丰台芍药连畦接畛，在开花时担到市上卖的一天能达万余茎”。清代在《帝京岁时记盛》中记有“丰台芍药甲天下”之说，由此可见北京也曾是栽培芍药盛极一时之地。当今北京各公园均有栽培。

现在山东菏泽发展很快，几乎家家户户都栽培芍药，同时也获得“菏泽芍药甲天下”的美誉。另外安徽亳县、浙江杭州等地，也正在蓬勃发展。

10. 古代诗人是怎样赞美芍药花的？

答：自唐代以来赞美芍药的诗句数不胜数，诗句华丽之极令今人赞叹。如唐代张九龄的《苏侍郎紫微庭各赋一物得芍药》五言律诗：“仙禁生红药，微芳不自持。幸因清切地，还遇艳阳时。名见桐君箓，香闻郑国诗。孤根若可用，非直爱华滋”。柳宗元《戏题阶前芍药》：“凡卉与时谢，妍华丽兹晨。欹红醉浓露，窈窕留余春。孤赏白日暮，暄风动摇频。夜窗蔼芳气，幽卧知相亲。愿致溱洧赠，悠悠南国人”。宋朝陈师道写的《谢赵生惠芍药》：“九十风光次茅分，天怜独得殿残春。一枝剩欲簪双鬐，未有人间第一人”。王十朋写的《点绛唇·温香芍药》：“近侍盈盈，向人自笑还无语。牡丹飘雨，开作群芳主。柔美温香，剪染劳天女。青春去，花间歌舞，学个狂韩愈”。金代诗人姚孝锡写有《咏芍药》，“绿萼披风瘦，红苞浥露肥。只愁春梦断，化作彩云飞”。明代诗人吴宽写道《芍药》：“品高真自广陵来，旧谱空怜壁角堆。千叶连云如并拥，两枝迎日忽齐开。诗中相谑何须赠，担上能赊也用栽。记取今时才看起，醉吟多藉曲生财”。清代诗人汪如洋写有《扬州慢·咏芍药》等。

11. 北京丰台花园对联中题有殿春是芍药别名吗？

答：丰台花园西门对联中题有“晓色朦胧锦帐开，殿春花事数丰台，天公雨露园公力，等是批红判白来。”提到的殿春即为芍药别名。

药用芍药

芍药‘大富贵’

‘紫芙蓉’

‘千丝万缕’

‘欢笑’

‘紫阳’

‘巧玲’

‘五彩迎日’

‘晴雯’

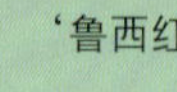

‘鲁西红’

‘烈火金刚’

‘粉玲红珠’

‘绚丽多彩’

‘墨紫含金’

‘黑绣球’

‘昆山霞光’

‘芙蓉银花’

‘莲台子’

‘丹凤’

‘金星烂漫’　‘红云’

‘American’（外国品种）　‘杭蓝’

‘杨贵妃’（日本品种）

‘红盘金球’

‘沙金贯顶’

‘粉玉奴’

‘珊瑚的魅力’

‘彩托芙蓉’

‘粉玉奴’

‘梨花迎日’